墨菲定律

书鱼／著

北方文艺出版社

图书在版编目（CIP）数据

墨菲定律 / 书鱼著 .-- 哈尔滨：北方文艺出版社，2019.11（2020.2 重印）

ISBN 978-7-5317-4643-0

Ⅰ . ①墨… Ⅱ . ①书… Ⅲ . ①成功心理 - 通俗读物 Ⅳ . ① B848.4-49

中国版本图书馆 CIP 数据核字（2019）第 202671 号

墨菲定律

Mofei Dinglü

作　者 / 书　鱼

责任编辑 / 富翔强　徐　昕

装帧设计 / 平　平

出版发行 / 北方文艺出版社

发行电话 /（0451）85951921　85951915

地　址 / 哈尔滨市南岗林兴街 3 号

邮　编 / 150080

经　销 / 新华书店

网　址 / www.bfwy.com

印　刷 / 朗翔印刷（天津）有限公司

字　数 / 120 千

版　次 / 2019 年 11 月第 1 版

开　本 / 880×1230　1/32

印　张 / 7

印　次 / 2020 年 2 月第 2 次印刷

书　号 / ISBN 978-7-5317-4643-0

定　价 / 42.80 元

目录
contents

第三章　卡瑞尔公式：别为可能做错的事情焦虑

第四章　贝尔效应：越厉害的人，越乐于分享

第五章　名片效应：社会交往中的心理学效应

第六章　刻板效应：你所见的世界，未必就是真实的世界

第七章　超限效应：留意你的言行，即使是善行也当适度

第八章　蘑菇效应：学会和自己友好相处，是一辈子的事情

第九章　投射效应：人际关系是一面镜子，映照的是我们的内心

第十章　蔡加尼克效应：所谓突破，都是自我心智的突围

第十一章　马太效应：与众不同的见识，会积累成更大的优势

第十二章　鸟笼效应：所有的改变，都源于潜意识中的另一个你

第一章

墨菲定律：

小概率事件中，隐藏着不可忽视的人性

1. 墨菲定律：
越怕出问题，问题就越可能发生

我们在排队的时候，经常发现这样的现象：旁边的队伍越排越短，自己在的队伍却总是纹丝不动。可是，当我们换到另一队的时候，原来速度快的队伍就变慢了，原先排的那个队伍却开始迅速变短。

还有一些时候，我们买了某样东西久久用不上，可当我们把它丢了不久后就必定会用它。或者是我们在观影中途出去买个爆米花或听个电话，回来就发现错过了电影最精彩的部分。是因为我们太倒霉了吗？其实不是，我们只是遇上了“墨菲定律”而已。

1949年，一位名叫爱德华·墨菲的空军上尉工程师和他的上司斯塔普少校受命参加美国空军进行的MX981火箭减速超重实验。这个实验是为了测定人类对加速度的承受极限而进行的。

在这个实验中，有一个实验项目是将16个火箭加速度计悬空放置在测试者的上方。当时，有两种方法可以将加速度计固定在支架上。但令人完全想不到的是，有人竟然把16个加速度计全都装在了错误的位置上。于是，墨菲随口说道：“如果一件事有可能变得糟糕，让他去做就一定会更糟糕。”

后来，这个故事被演绎成一个奇妙的定律：如果坏事情有可能发生，不管这种可能性有多小，它总会发生。

根据墨菲定律，你最害怕的事情往往是最容易发生的。那么，怎么才能让自己安心呢？换句话说，如何做才能避免墨菲定律的发生呢？其实，你能做到的只有一点——任何时候都不要心存侥幸，务必学会防微杜渐。

举个例子来说，你没有完成作业，在课堂上，你疯狂地希望老师不要叫你起来回答问题，可老师偏偏就点中了你。再比如，你约了客户谈合作，结果出门晚了，在赶去的路上你希望不要遇上红灯，好让自己准时到达，结果一路遇到的都是红灯。

杰米上大学的时候，有一门课程的讲授者是一位以要求严苛、从不划定考试范围出名的老教授。在复习的时候，杰米遇到了一个始终没搞明白的难题，尽管舍友给他进行了详细讲解，无奈他还是懵懵懂懂。最后，杰米放弃了努力，安慰自己说：“教授肯定不会考得那么仔细的！”于是，他干脆不再复习这门课。

进入考场后，当杰米看到卷子的那一刻，他的脸色立即变了——试卷中恰好就有那道他始终也没有搞懂的题——考试结果也就可想而知了。

墨菲定律不仅和我们的日常生活大有关系，其中还隐藏着十分关键的生产安全问题。

浙江宁波的舟山港是世界上最繁忙的港域之一。正因为港域繁忙，所以，在舟山港通航水道内的船舶数量众多，每艘船的船速、操纵性能也各不相同，这就导致舟山港附近水域（特别是警戒区周围）的引航风险不断增大。

有一次，在能见度极低的情况下，一辆满载的货船在引航员的引领下航行。引航员根据雷达观测结果观察到，前方有两艘货船恰好在出口航道附近，于是立即与对方联系，让对方避开。然而，这艘满载货物的货船为了和前面的船舶保持更大的安全距离，选择提前转向，导致险些撞上跟在后面的船舶。虽然最后货船冲上沙滩，也没有造成人员伤亡，但还是给港口的正常运行造成了不小的麻烦，也对船员的心理造成了一定程度的影响。

这次事故看似偶然，但根据墨菲定律来说却是必然的——如果每艘船都走在自己的航道上，碰撞事故就不会发生。而一旦有一方违反常规（超速等），另一方没有相应的防备措施，那么事故发生就是必然的了。

当我们去做某件事情的时候，一定要做好全部的准备，提前考虑意外情况发生时该如何妥善处理。

例如，在外出旅游的时候，出门之前一定要检查好自己的随身用品和证件是否带齐全了；提前对当地天气变化情况进行了解，预备好衣服和伞；随身准备点应急的药物，以防受伤或水土不服，等等。

尤其是在具体的活动或工作中，我们更要考虑到方方面面。例如，在策划活动的时候，要充分考虑到天气、人员、道具等各方面的影响因素，提前做好各项应急计划，保证活动能顺利进行。

任何时候都不要抱着侥幸心理，想要事事妥帖就一定要从细微处入手——因为墨菲定律无处不在——你越怕出问题，问题就越会出现。

2. 帕金森定律：
庸人占据高位时，组织就会陷入恶性循环

“帕金森定律”来源于英国历史学家帕金森教授的一项长期调查研究。他在《帕金森定律》一书中说明了这样一种现象：

一个人可以在10分钟内看完一份报纸，也可以看半天；一个忙忙碌碌的人20分钟内可以寄出一叠明信片，但一个无所事事的老太太为了给远方的外甥女寄张明信片，可以足足花一整天——其中找明信片一个钟头，寻眼镜一个钟头，查地址半个钟头，写问候的话一个钟头零一刻钟。

这种现象在工作中表现得尤为明显。当时间很宽裕的时候，人们会不自觉地放慢工作速度，或者做一些其他事情以消磨时间。

由此，帕金森教授得出结论：在行政管理中，行政机构会像金字塔一样不断增多，行政人员会不断膨胀，每个人看起来都很忙，但组织效率却越来越低下。在医学领域有一种疾病叫作帕金森症，这种病症的主要表现症状为四肢颤抖，肌肉僵硬和运动障碍。其实，在一个机构中也是如此，当领导不具有管理才能时，这个机构就会像患了帕金森症一般，各部门之间难以协调工作，导致机构越来越臃肿，效率越来越低

下，并陷入恶性循环之中。

帕金森教授在书中说道：一个不称职的领导往往有三种出路：第一是自己提出胜任不了这个职位，把这个领导的位子让给有能力的人——这种方案通常而言是不可能的，因为这代表着他放弃了自己手中的权力。第二是选择一个能干的助手来帮助自己工作。因为担心这个助手最后成为自己的竞争对手，所以这种选择也行不通。如此一来，只剩下最后一条出路了——请若干水平比自己更低的人做助手。

质量不行数量来凑——平庸的助手分担了他的工作，又不会让他有危机感，于是双方相安无事。但这几个助手既然水平不行，只好上行下效，请更多可靠但平庸的人来帮助自己。以此类推，这样的机构内部永远是效率低下、互相扯皮的。

有这样一个真实的故事。某大国军队中需要有一个人鉴别航空照片，长官找来一个二等兵来完成这项工作。两天后，这个二等兵开始抱怨说工作量太大，他需要两个助手。与此同时，因为有了助手，自己也应该升为一等兵。长官答应了他们这个要求，结果大家都依样画葫芦——三年内这个曾经的二等兵就拥有了一个人数高达85人的航空图片分析小组，他本人也步步高升晋衔为一名中校。然而，实际上，从头到尾他本人从未鉴别、判断过一张航空照片。

这个故事听上去十分可笑，但确是真实发生的案例，而这一切不过是因为这个一夕飞黄腾达的二等兵是一个能力低下者。对于他来说，由于责任被一次次分散，所以他根本不用做那些枯燥的分析工作。而随着加入分析小组的人员越来越多，实际上并没有多少人在认真完成判断、甄别航空照片这项工作。最终，这个航空照片分析小组只会成为典型的“素餐尸位组织”。

想要改变这种人浮于事的状况其实也并不难。对于一个有实际领导才能的人，他真正需要的是一个公平公正的选拔和任用制度。

帕金森教授在书中讲了这样一个故事：

一个私营企业老板随着产业渐渐做大，对于管理企业感到力不从心，他需要找一个职业经理人来帮助他。前来应聘的人络绎不绝，经过反复对比考量，最后他定下了一个人选。他是这样考虑的：这个职业经理人是为我打工的，他做得好的话，我可以给他更高的薪水和待遇，做得不好的话，那我可以选择辞退他。实际上，无论他如何卖力地工作，都永远不可能取代我的位置，公司的掌控者永远是我。

看起来，老板对于这个职业经理人的选择完全不受帕金森定律的影响。而几年后，这个企业发展得更好了，业务量激增，这个职业经理人需要助手协助他工作。经过一番筛选，人事部门挑出了两个助手人选：毕业于名校的应届硕士研究生Ａ，此人理论功底深厚却缺少实际经验。另一个人选Ｂ没有名校背景，却拥有丰富的实战经验和管理理念。

面对这两个候选者，老板有些两难，一时无法做决定，于是让这个职业经理人自己选择。最后，这个职业经理人选择了那个刚毕业的名校学生——因为此人缺乏实际工作经验，这让经理人心里感到更安全。

由此可见，要想治好机构或组织的“帕金森病”，一个公平、公正、公开的用人制度是必不可少的，同时要做到任人唯贤、人尽其才和人员之间的合理流动。

帕金森定律告诉我们，一个有能力的掌控者，当他有绝对的控制力的时候，他不害怕被人掠夺走权力，也不会去找比他还平庸的人做助手。当一个人能够完全胜任自己的工作时，他也根本不需要助手。但是当一个无能力者位居高位的时候，只会给这个团体带来无尽的内耗。

3. 框架效应：
表达方式不同，结果可能天差地别

有一位癌症患者到医院咨询手术相关事宜，主治医生告诉他“手术后一个月内的死亡率是10%”，这位患者十分害怕，也不敢做手术了。后来，他又到另一家医院去咨询，医生告诉他“手术之后一个月内的存活概率高达90%”。这位患者听完大为振奋，立刻决定在这家医院进行手术治疗。实际上，这两位主刀医生说的是一回事，但因为用了不同的表达方式，这位病人做了截然相反的选择。

曾经获得诺贝尔奖的普林斯顿大学心理学教授丹尼尔·卡尼曼通过实验研究发现：针对同一个问题，两种逻辑意义相似的说法会导致不同的决策判断。简单来说，就是当一个人描述同一件事情的时候，不同的表达方式会给倾听者不一样的感觉，从而使倾听者做出两种截然相反的决策。他把这一发现称为“框架效应”，所谓“框架”，指的是一种言语表达方式。

为此，卡尼曼教授设计了一个著名的“亚洲疾病实验”来验证框架效应。他假设美国正在为亚洲即将爆发的一场不寻常的疾病做准备，这场疾病可能导致600人丧生。

如何与这场疾病做斗争？有关专家们制定了两套方案，假设对每种方案结果的科学估计如下：

情景1：生存框架方案A，能够挽救200人的生命。

方案B：有1/3的概率挽回600人的生命，全部死亡的可能性为2/3。

然后，他问参与实验者，你支持哪一个方案？

卡尼曼发现，在这个框架下回答问题的人，72%的人会选择方案A。其实这也很容易理解——毕竟方案A能够完整拯救200人的生命。出于规避风险性的考虑，大多数人不会选方案B。

但如果我们测试的时候稍微改变一下问题的描述，就得到了完全不同的答案。卡尼曼教授给另外一组调查对象同样的问题，只是改变了对方案结果的描述：

方案C：400人都会死亡。

方案D：有1/3的概率没有人死亡，有2/3的概率600人都会死亡。

结果，参与实验的受试者有78%选择了方案D——他们更愿意赌一赌，而不愿意接受400人一定会死亡的凄惨结果。

这个实验研究表明，大多数人对“损失”比“收益”更加敏感。或者，换句话说，其实我们大多数人并不会像传统经济学设想中的“纯粹理性的人”一样，能够总是追求到更大的利益。除了一些对数字极端敏感的人之外，我们大多数人还是很容易被数字所蒙蔽。

在现实生活中，无论专家怎样解释，依然有很多人弄不明白那些专业术语或数学表达，搞不懂到底什么叫GDP，什么叫GDP增长率，什么叫购买力评价指数……更搞不懂它们和自己之间到底有什么关系。这让人想起一则著名的寓言故事：

有一个养猴子的人想要给猴子们规定每天吃的坚果数量，早晨给每只三颗，傍晚给四颗，结果猴子们全都反对。后来，这个人又说，要不我们换一下，早晨给四颗，而傍晚给三颗。没想到，这样一来，猴子们就变得十分高兴。

这其实就是成语“朝三暮四”的出处——你可能会惊讶于语言和心理的层次变化是何其微妙。的确，表达方式的差异，心理变化的趋势，往往令人们对同一种事物表现出不同态度。

除了要注意表达方式之外，我们还要尤其注意在不同的场合使用不同的表达方式。鲁迅在《立论》一文中讲了一个“不会说话”的故事。

有一户人家生了孩子，宾客们都来贺喜。有的说这个孩子长大了一定能当大官，有的说这个孩子长大了一定能发大财，最后一个人却说这个孩子长大以后一定会死。于是，最后那个说了大实话的人被主人家痛打了一顿。尽管这个人说的是实话，但是，在这样一个充满喜庆气氛的场合用这种不合时宜的表达方式就很让人生厌。

同样的表达在不同的场合运用，有着天差地别的结果。如果这个人是在葬礼上对安慰家属说：“所有人都有去世的那一天，请您节哀顺变。”不就很合情合理吗？

聪明的管理者一定会懂得如何运用合适的表达方式，让自己的员工既做了更多的工作，又能感到满意。同样是发年终奖金8000元，如果说“今年公司业绩不好，本来发1万的奖金，只有8000元了”，员工听完以后多半要抱怨。但如果改成这样的说法：“今年公司业绩不好，本来奖金只有5000，现在我努力争取到8000元”，员工的心里就会一下子好受许多。

更高明的做法是：在发奖金的时候，可以把很多的奖金拆分成两次发放，这样就可以让员工开心两次；而在处罚员工的时候，则可以把两次的罚金合并到一起，这样就可以让员工只痛苦一次。这种工作中的智慧其实处处都需要，一个真正优秀的管理者一定是可以综合运用多种策略的人，而人性化的管理方法也必然带给员工更多的获得感。

4. 安慰剂效应：
信任和安心，和真正的治疗一样重要

有一段时间，一个健康类科普话题——“红糖水并不能缓解痛经，它只能起到安慰剂的作用。喝温热的白开水同样有效”——在网络上引起了轰轰烈烈的讨论。很多人表示对这一说法感到十分吃惊，也有许多女性表示喝红糖水确实对自己缓解经期疼痛有着良好的作用，不明白为什么会有人说它没用。

对红糖水能不能缓解女性经期疼痛的话题，我们暂时不做讨论，不过，有很多女性网友表示，自从听到了这个结论之后，好像以前能够被红糖水缓解的疼痛现在却缓解不了了。这是怎么回事呢?

想要知道为什么，我们不妨来了解一下讨论中提到的“安慰剂”。

安慰剂是指对长期服用某种药物而引起不良后果的人，或对疾病严重到几乎无法被治愈的人具有安抚或者替代作用的针剂等。配合医生对患者或者患者对自己的暗示，安慰剂的使用能让患者对药物可能发挥的作用抱有期待，从而达到缓解疼痛或提振精神的效果。

安慰剂有两个特征：一个是它其实并不能真正治疗疾病，甚至可能都不是药物；另一个是它的效果来源于患者对医生或者药物作用的深信不疑。

1955年，毕阙博士首次提出了“安慰剂效应”。他的实验报告显示，大约有四分之一服用安慰剂的病人表示自己的背痛得到了缓解。不仅仅是心理上，在医疗检测中结果也显示如此。而没有服用安慰剂的病人身上则并没有出现类似的情形。

这并不是个案。第二次世界大战期间，在一次战斗中，美军携带的镇痛剂很快用完了，许多受伤的军人忍受着伤口带来的疼痛。情况越来越严重，随军军医万般无奈之下，只好让护士给伤兵们注射生理盐水，同时哄骗他们说这是强效镇痛剂。没想到，奇迹真的发生了——这些只是注射了生理盐水的士兵真的停止了哀号——他们的疼痛被止住了。

此后，安慰剂渐渐被医学领域的专家学者所重视，成为一种比较重要的医学手段之一。比如，文章开头提到的红糖水，经实验证明，红糖只是糖的一种，并不具有特殊的药用价值，和白糖、冰糖其实差不多，一不含有能镇痛的成分，二来含铁量很低，也不能补血。所以，严格来说，红糖其实对于缓解女性经期疼痛并不能起到作用，唯一的作用可能是糖分能让心情得变好一点。

那么，为什么有那么多人确实觉得红糖水很好用呢？

除了体质特殊者，女性之所以会有痛苦被舒缓的感觉，恰恰是因为红糖水起到了安慰剂的作用。在她们喝下热热的红糖水时，一方面摄入体内的热水让她们感觉温暖，这种温暖让她们感觉不适症状得到了缓解；另一方面，因为多年流传下来的“红糖水能治痛经”的说法，让她们始终深信不疑。所以，喝下红糖水之后，她们会觉得红糖水的确起到了补气血的作用，疼痛一定会得到缓解，这种深刻的心理暗示对身体产生了影响，从而使疼痛感得到了缓解。

在她们听到并相信了“红糖水并不能缓解痛经”的说法之后，很容易转换成另一种效应——反安慰剂效应。即病人不相信治疗有效，从而导致病情恶化。比如，一个女性原来深信红糖水的神奇效果，而且每次经期都靠红糖水缓解疼痛。某一天，她看到了关于红糖水的科普文章，知道了红糖水不能缓解痛经，并因此开始怀疑其他的药物或者方式是否也真的有效，这就很容易导致真正的止痛药物也不起作用——她在服用了有效的镇痛剂之后还是无法缓解疼痛症状。

安慰剂当然不是我们治疗疾病的首选，真正的病痛还是得靠正确治疗来解决。但是，安慰剂效应也能给我们缓解病痛 带来很多帮助。首先，我们要相信自己的医生值得信任，配合他提出的治疗方案，如果我们始终对其怀着不信任的态度，极有可能影响到治疗的效果。

其次，在治疗时，我们应该保持良好的心态。我们常常会看到这样的情景，医生和患者家属隐瞒着绝症病人，不让他知晓自己的病情，使他在比较轻松愉悦的状态下接受治疗，因而取得了更好的治疗效果——乐观心态对于我们身体的影响力远比我们想象的要大得多。

最后，我们应该对痊愈始终抱有热切的期待，相信在医生的精心治疗及自己的完全配合下，一定能够战胜病魔，早日恢复健康。毕竟，信任与安心和真正的治疗一样重要。

5. 路西法效应：
极端环境之下，好人也会变成恶魔

1971年，美国著名社会心理学家菲利普·津巴多在斯坦福大学的地下室搭建了一个模拟监狱，并且征集了24名心智正常身体健康的志愿者。津巴多把他们分成两组，其中12个人扮演警察，另外12个扮演囚犯。实验时每组只有9人，3人作为后备。

实验模拟真实监狱环境，囚犯分别被“警车”押送到监狱，然后被搜身，扒光衣服，清洗消毒，穿囚服，右脚戴脚镣——一切都几乎和真正的监狱一样。

囚犯志愿者被关在监狱后就不能自由行动，3个人住一个小隔间，只能在走廊放风，每个囚犯都没有名字，只有一个编号。

充当看守的志愿者并未被培训如何做狱警，只是被告知可以做任何维持监狱秩序和法律的事情。看守3个人一组，每组工作8个小时，三组轮换。

很快，所有人都在这种逼真的模拟情境中投入了自己的角色。看守开始行使自己的管理职责，他们折磨、恫吓、羞辱敢于挑战自己权威的犯人，并且，这种惩罚逐渐升级。从一开始的罚做俯卧撑，发展到后面进行人身惩罚。

而犯人们则像是真正的罪犯一样逐渐变得服从，甚至开始认同自己的囚犯身份。在这个实验中，几乎所有人都逐渐进入了自己的角色；就连津巴多教授本人也陷入到了自己“监狱长”的角色中，像个真正的监狱长一样思考问题。

值得一提的是：不管是“囚犯”还是“警察”，许多人直到实验结束前都没能走出自己的角色，甚至在实验结束很久之后都难以自拔。

津巴多教授后来写作了一本书，名叫《路西法效应：好人是如何变成恶魔的》，详尽地解释了这个实验的前因后果，认为很多人在特定情境之中会被环境感染和影响，变得违背本心，甚至成为一个连自己都不认识的人。路西法是西方宗教传说中的人物，他原本是神圣的天使，后来却被魔鬼诱惑堕落了，所以津巴多教授就用这个名字来代表那些因堕落而成魔的人。

斯坦福监狱实验实际上是对历史上某些悲惨事件的简单模拟，比如，第二次世界大战时期的纳粹集中营中就有无数名德国工作人员。他们原本也只是单纯善良的普通人，但是在穿上了纳粹制服之后，他们却像真正的恶魔一样对被囚禁的犹太人残忍下手。在上级压力及环境的影响下，他们的思想彻底发生了改变，但自己却浑然不见，甚至认为所作所为都是理所当然，直到受战犯审判的时候才幡然醒悟。可是，一切都已经无法挽回了。

有一个名叫金子安次的侵华日军老兵，原本是个淳朴的农民，可是，在他被强征入伍以后，一切都改变了。据他回忆道："我踏上中国土地的第一天，我的教官指派了我们一个任务，就是用刺刀刺向被抓来的中国平民。起初我十分害怕，根本下不了手，后来我教官说：'不是他死，就是你死，你做好选择吧！'无奈之下，我只得刺向一位中国百姓。这是我第一次杀人！起初我很愧疚，可是后来杀的多了，也就麻木了。我慢慢地从一个善良的人变成了一个冷血无情的杀人魔头。"

路西法效应下的人性丑恶在我们生活中也并不罕见。例如，你会看到这样的新闻：满载货物的大卡车在公路上倾覆之后，闻讯赶来的当地人趁机把货物一抢而空。在这样的事件中，你会发现，这些人平时也是不偷不抢的好人，但是在那种情境下，很多人就会产生一种"别人都在抢，我不抢就亏了"的奇怪心态，可谓"一念成魔"。

然而，也并不是每个人都一定会被环境压力所同化。比如，在斯坦福监狱实验中，津巴多欣喜地看到，有两名被试者在发现自己在变得越来越暴戾后放弃了研究者给予的薪酬，毅然退出了这场地狱般的人性实验，保全了自己的良知。

极端环境可以改变一个人的性格，而身份角色的改变足以影响一个人的道德判断。一个善良平和的人在某些情境下会变成兽性十足的魔鬼。这次监狱实验将人性中的善与恶揭示得淋漓尽致，不但在心理学界，也在更广泛的领域引发了人们的关注和反思。

怎样才可以跟人性中恶的一面抗争，抵御路西法效应的侵蚀？最重要的是：一定要坚持自己内心的良知，而不是人云亦云、随波逐流。

更不要被不合理的环境规条所制约，遇到压力以后不要屈服于别人的看法和威吓，而是清醒地意识到人性与良知的底线，进行真正的独立思考。

第二章

刺猬法则：

最好的相处之道，
是彼此保持适度距离

1. 刺猬法则：人人都需要一个适当的心理空间

有一个生物学家，为了研究刺猬在寒冷冬天中的生活习性，特地做了一个实验。他将十几只刺猬放到户外的空地上，在冷风的吹袭下，这些刺猬被冻得浑身发抖。为了提高体温，它们试图紧紧靠在一起互相取暖。但是，刺猬们靠拢后又发现，身上的尖刺令彼此无法忍受，于是它们又马上分开。这样的情形反复了很多次。过了一段时间后，刺猬们才终于找到了一个合适的距离，这个距离可以令它们互相依偎取暖，却又不会被彼此的刺给扎伤。生物学家研究刺猬冬天生活习性的故事后来被延伸成为人际交往中的一个心理学概念，被称为“刺猬法则”，又称“刺猬效应”。

正如这个故事之中所说的一样，虽然面对寒冷的风，刺猬们不得不依偎在一起取暖，但是它们身上的刺使得它们不能靠得太近，所以它们需要找出一个合适的距离出来，既能够抱团取暖，也能留出恰到好处的余地，使得彼此不被扎伤。

从社会交往的角度看，刺猬效应告诉我们，在人际交往的过程之中，要掌握好彼此之间的心理距离，寻找到人与人之间最恰当的距离，只有这样才能长期维持健康的亲密关系。

美国心理学家爱德华·霍尔曾经做过这么一个实验：他选择了一个空无一人的阅览室，当第一个读者进去的时候，爱德华·霍尔就赶紧让参与这项实验的研究员进去挨着这个人坐下。

这个实验足足重复了80次，每一次都遭到了读者们的排斥。在这个空旷的阅览室内有着非常多的空位可供选择，当然没有一个读者能够容忍一个陌生人不去挑选其他空位而紧挨着自己坐下。当爱德华·霍尔的研究员坐到他们身边的时候，这些人很快就转移到了其他位置，有些人甚至直接明确地发出疑问："你想干什么？"

可以发现，人和人之间在一些固定的环境下，总会有一个"彼此间应当保持适度距离"的潜意识横亘在心底。一旦这个安全的心理距离被突破，就会引起不适。

的确，我们每个人都会有属于自己的心理距离，和陌生人之间是一种心理距离，和无话不谈的朋友，和亲密无间的家人伴侣之间也都会有各自不同的心理距离。每个人都会有着属于自己的私密的精神天地，有时候，人和人之间保持相对独立的心理距离，并不是互相不信任与排斥，而是一种对于束缚的排斥与对独立自由的潜意识需求。

太近的距离会让人产生被侵犯心理界限的不舒适感。甚至，假如一个人的安全感被冒犯的话，通常还会带来焦虑、愤怒与抓狂等负面情绪。所谓"距离产生美"，归根到底，说的就是人们在欣赏美的过程中必须保持适当的距离，否则就会影响甚至削弱审美效果。

在生活之中，我们常常会看到这类现象；父母不断探索子女的私人空间，比如翻阅日记，偷看聊天记录，等等。这无疑会引起孩子的反感。在孩子看来，父母的做法侵害了自己的私人空间与自由；而在父母看来，只有对孩子的隐私了如指掌，才能达到教养和保护的目的。这种横亘在父母子女之间的不恰当距离，往往会激起孩子更强烈的自我保护意识。

刺猬效应更多的应用环境是在职场之上，比起亲朋好友与恋人，职场上的工作伙伴之间更需要彼此长时间合作的空间，一个恰当的距离可以更好地推动工作的进步。

通用电气公司前总裁斯通就非常注重刺猬效应在职场管理之中的应用，他将“刺猬效应”运用在中高层管理者身上，结果成效非凡。在日常的工作和合作关系中，他从不吝于对同事们的关爱与协助；但在私人相处的时候，他从不要求彼此之间私下聚会，对于同事们的邀请，他也经常婉拒。在他看来，与同事保持适当的距离，既不会显得自己作为总裁高高在上，也避免令同事们混淆上下级关系——这其实是一种管理上的最佳方式。

当然，刺猬效应是存在于人际关系中的一种社会心理学现象，除了家庭与职场之外，情感关系之中也特别需要彼此掌握合适的距离。人在谈恋爱的时候常说“你是我的唯一，是阳光与空气”。但无论两个人是如何的亲密，都需要有独属于自己的私密空间。即使是方方面面都十分契合的灵魂伴侣，也无法改变双方实际上是两个不同的人这一事实。既然彼此并非同一个人，那么无论两人多么的相爱，都无法忽略自我的本能需求。

保有一个稍微合适的距离，一个自己觉得舒适的私人空间，是人对自我、对安全、对自由永恒的追求。况且，如果连私人空间都没有，那么恋爱关系也就失去了神秘感和潜在的可能性。

总而言之，我们每天都要与身边的人交往，有时候零距离并不代表亲密无间，给对方适度的空间和自由才能让彼此的关系更稳固。因为，人人都需要一个舒适又安全的心理空间。

2. 沉没成本效应：
错误既然无法挽回，就别再为之耿耿于怀

有一位善良的女孩，在网上聊天时遇到一个心仪的男子，两人开始了异地恋。然而，女孩没想到的是，这个男子其实是个专业骗子，不但骗色而且骗钱。短短数月时间里，女孩就给男子发了3万块钱的红包，支持他去创业。后来，这个骗子被警察抓住了，女孩却无论如何不肯相信自己爱的男子在骗他，非要等他回心转意。

面对警察的问询，女孩说了一句很经典的话："其实，我早就意识到了他有问题，但如果我中途承认他是在骗我，那我付出的爱情和金钱不就要不回来了吗？"

这个女孩为什么不肯接受现实呢？因为她已经在这段感情里付出了太多，这令她无法接受自己的付出白白浪费掉，只能不管不顾地"一条道走到黑"。这种心理恰好合乎经济学中所说的沉没成本效应(Sunk Cost Effects)：如果人们已为某种商品或劳务支付过成本，那么便会增加该商品或劳务的使用频率。

根据理性的选择方法，已经付出的成本与制订决策应该是丝毫不相关的。例如，我们不能因为在一个项目上投资了100万块钱，就眼睁

睁看着项目失败而不及时止损。然而，大多数人在现实生活中，往往会在决策的时候聚焦于已经无法再赢回的沉没成本，以至于白白错失良机。

彼得在一只股票价值20元的时候买入了它，过了一段时间，市场发生了“股灾”，所有的股票都在猛烈下跌，这时候，彼得所持的股票价值18元。如果按照理性的思维，应该赶快把股票卖掉，等股灾结束之后再重新买回来。然而，彼得觉得在18元卖掉，就等于损失了2元钱，因此一直不舍得卖。然而，在他的优柔寡断，这只股票很快就跌到了10元钱——彼得为自己的沉没成本付出了沉重的代价。

其实，我们每个人在遇到类似情况时，都可能产生与彼得相似的心理。你也可以说这是难以避免的人性弱点——不是根据实际的资产情况或者未来的趋势去判断自己的投资行为，而是喜欢找一个自己习惯性设置的参考值，去评估到底是“盈利”还是“亏损”。然而，实际上，这样的计算方法其实忽略了更重要的东西——趋势与未来。

西方有句谚语：“不要为打翻的牛奶哭泣”。无论一杯牛奶有多么美味，打翻以后，就再也无法回到杯子里去了。所以，遇到挫折时，最重要的是要向前看，而不是向后看。因为已经失去的东西不管付出了多少，都不再有意义，再多的哭泣也一样没有任何意义了。

生活当中，我们常常会有这种困扰，自己辛辛苦苦做了好久的事情却总是得不到回报，这会让我们觉得十分痛苦。但是，一想到自己曾经的付出，又无法断然舍弃不做。此时此刻，就需要考虑一下，你过去的付出跟现在的决策真的有关系吗？如果没有关系，为什么不及时退出呢？

梅琳达喜欢逛街，每一次走进商场都会流连忘返，甚至连饭都忘了吃。而且，她每一次逛街回来的时候，都会或多或少买上一两件衣服。大多数时候，这些衣服都并不好看，梅琳达拿回来再试穿时也会觉得自己买下它们是多此一举。但是，当朋友问她为什么会买这么丑的衣服回来时，她的回答通常会是："逛了半天商场，什么都不买岂不是浪费了时间？"

可是，你逛商场的时间本来已经浪费掉了，买一件衣服也不会让沉没的时间成本归零。为了弥补心头的遗憾，买下一件自己并不太满意的衣服，岂不又是一种金钱的浪费吗？

很多人在外出旅游的时候，最常说的一句话就是"来都来了，不买点东西实在对不起自己"。的确，因为已经花了不少钱出来旅行，所以就不妨再多花钱尝尝当地可能并不那么地道的小吃，或者买一些特别贵又不实用的旅游纪念品。但实际上，坐飞机花掉的钱已经成为沉没成本，和你在旅游过程中的其他花销并没有直接联系。最重要的是，之前花在路途上的费用只是为了让你玩得开心，并不是让你背上沉重的精神负担，总想着必须做些什么或买到什么才"值回票价"。

沉没成本效应在情感婚恋中更为常见，也更让人唏嘘不已。

一位女士常年遭到丈夫家暴，身上常常被打得遍体鳞伤，无论是家人朋友还是街坊邻居都劝解她赶紧和他离婚。但这位女士总是被丈夫的花言巧语所蒙蔽，然后陷入再一次被殴打的循环中。

为什么她不肯结束自己悲剧般的婚姻呢？原来，很大程度上她觉得自己已经受了太多的伤害，如果选择放手离开，之前的漫长付出就等于白白牺牲。所以，她偏要通过努力和忍耐挽回丈夫的爱。

实际上，我们应该明白，努力和坚持不一定就能有美好的结局，如果经过多次尝试都没有好的结果，那么，在确定自己没有做错什么的情况下，最好的办法还是直接放手离开。这时候的不甘心往往只会给自己招来不幸。

请记得，当面临关键的抉择时刻，不要用无谓的坚持毁掉自己的将来。

3. 破窗效应：
第一次伤害未被重视，第二次伤害会接踵而至

1969年，美国斯坦福大学心理学家菲利普·津巴多做了一个实验，他找来了两辆一模一样的汽车，把其中的一辆停靠在了加州帕洛阿尔托的一个中产阶级社区里，而另一辆则停在了相对杂乱的纽约布朗克斯区。两辆车都被摘除了车牌，并打开了顶棚。

结果，停在布朗克斯区的那辆车当天就被偷走了。而停在帕洛阿尔托的那一辆车过了一个星期也安然无恙。更有意思的是，津巴多后来用锤子将这辆车的车窗敲下一个大洞，过了几个小时这辆车就不见了。

基于这个实验反映出的心理学与社会学问题，1982年，由政治学家詹姆斯·威尔逊与犯罪学家乔治·凯琳提出了一个“破窗效应”理论。他们认为，社会中的不良现象如果被放任存在，则会诱使人们效仿，甚至变本加厉。

用形象的比喻来说就是：“如果一栋建筑物的窗户玻璃被人打碎了，并且这扇玻璃并没有得到及时的修复，那么别人很快就会认为打破这些窗户是没有关系的，于是去打烂更多的窗户。时间长了，这栋建筑物的

窗户就会支离破碎——这些破窗户将会给人带来一种混乱无序的感觉，于是犯罪就在这种现象下滋生、繁荣。”

“破窗效应”本来是一个关于犯罪的现象总结，在维持社会安定上起到了很好的警示作用。例如，纽约市交通警察局前局长布拉顿就曾经以“破窗效应”为准则，针对纽约市地铁犯罪率的逐渐提高趋势，要求所有的交警集中起来大力打击地铁逃票现象。

随着打击逃票力度的扩大，警察们发现，每七个逃票者中就有一个是通缉犯；每二十个地铁逃票的人中就有一个携带凶器者。结果，因为逃票现象受到遏制，纽约市地铁犯罪率竟然也逐步下降，治安开始大大好转。

西方有句民谣，形象地说明了这个效应的内涵：“丢失一个钉子，坏了一只蹄铁；坏了一只蹄铁，折了一匹战马；折了一匹战马，伤了一位骑士；伤了一位骑士，输了一场战斗；输了一场战斗，亡了一个帝国。”

不要对微小的事件视而不见，无论一个问题或事件乍一看多么微小，可是经过不断的演化与放大，就有可能对未来造成极其重大的影响——所谓“千里之堤，溃于蚁穴”，就是这个道理。

我们每个人都存在破窗效应这样的人性弱点——面对最开始细微的瑕疵不注意管控与修正，总是等到了这个“破碎的窗户”再也无法修复的时候，才开始后悔自己最开始的视而不见。

破窗效应不仅仅存在于犯罪环境之中，在人与人之间的感情关系中也有很好的警示作用。举个例子，在一段感情里，一个人一旦被伤害了一次，那么就极有可能被伤害第二次或更多次。换句话说就是，如果第一次受伤害时你选择原谅，那么第二次伤害很可能接踵而至。因为很多矛盾都是一天天积累下来，然后在一段关系中慢慢扩散的。而很多不满与埋怨，也都源于第一次矛盾。我们经常看到这种情况：一对伴侣之间发生了口角，吵着吵着就会开始翻旧账，将曾经发生过的争吵、未解决的问题扯出来争执不下。

一段情感关系之中，如果一对情侣用分手来要挟对方，有了第一次，就会有第二次。事实上，第一次说分手就使这段关系产生潜在的破裂因素了。只要你允许你另一半打破双方关系中的“一扇窗子”，很快，他或她就会打破更多的“窗子”。有了第一次的夜不归宿，就会有接下来更多的彻夜不归——一个危险迹象如果不能及时阻止，那么就会演变得越来越突破底线，问题自然也会越积越大。

当然，破窗效应也不是完全无法防范，从理论上来看，想要根治破窗效应，那就不要让窗户被破坏，一旦发现窗户破了，就马上修复它。对应到感情生活之中，便是在两个人的关系出现小问题时，不要忽视它。因为一旦这个问题处理不当，就极有可能引发一系列更严重的问题。

感情是需要呵护的，如果是抱着无所谓的态度，放任两人之间的问题越变越严重，或者因为暂时没办法解决而选择压抑它，都只会让这段感情出现裂痕，而感情上一旦出现裂痕又不去修复，那么这一丝裂痕就会越来越大，最后变得无法修复，从而引起日后彻底破碎的危机。

我们应该明白，在情感关系之中，最需要做的无非就是重视对方的感受与及时解决问题，要做到这些，看起来很轻松，其实需要你对人的心理有着清醒的把握，更需要两个人抱着更理智、更通透的心态，共同促进亲密关系的改善和提升。

4. 海格力斯效应：
越是选择报复，仇恨就会越结越深

希腊神话故事中有一个赫赫有名的英雄，也是众神之王宙斯之子，名叫海格力斯(即希腊神话中的半神英雄赫拉克勒斯，海格力斯为其在罗马神话中的名字)，他力大无穷，勇武过人，最为人所津津乐道的功业就是完成了12项被誉为“不可能完成”的任务。

据说，有一天，海格力斯走在一条坎坷不平的道路上，看见路边有一个东西，像是鼓起来的袋子，非常难看，于是海格力斯便用力踩了一脚。谁知道这个东西并没有被海格力斯的蛮力给摧毁，而是愈发地膨胀壮大了起来。

这彻底地激怒了海格力斯，于是他拿起一根粗壮的木棍向这个东西狠狠地砸去。受到这一下打击后，这个东西变得更大了。随着海格力斯越发用力地尝试破坏它，这个东西就愈发膨胀起来，很快就把整条路都堵住了。这使海格力斯纳闷极了。

这个时候，一位圣贤走到海格力斯面前，跟他说道：“朋友，快别碰它了，赶紧离开它吧。它叫‘仇恨袋’，如果你不搭理它，那么它就不会发生什么变化；你若是用力摧毁它、破坏它，那么它就会不断膨胀与你敌对到底。”

这个故事中，圣贤将仇恨比作一个会不断壮大的袋子，一开始会很小，如果忽略它，不去计较，那么很快就可以跨过去；可如果盯上了它，和它过不去，那么它就会反过来和你互相对抗。从故事中我们可以看出来，如果海格力斯不去计较那个难看的袋子，那么后面的一切都不会发生了。如果他选择和它对抗，这个仇恨袋就变得越大。这就是心理学中的“海格力斯效应”，指的是人际互动之中彼此之间充满敌意，且互相仇视，以至于仇恨越来越深的社会心理。

你会发现，在生活中这种现象比比皆是：由于嫉妒或误解，两个人之间有了最初的矛盾，这时候，如果你想要报复对方，那么就会加深对方对你的仇恨，有可能导致对方费尽心思来报复你；如果你还不罢休，继续报复，那么对方就会更加恶毒地报复回来。在这个过程之中，随着你心中对对方的敌意越来越深，对方对你的报复也就会越来越严重，直到你们双方有一方倒下或两败俱伤。

《旧约全书》中有“以眼还眼，以牙还牙，以手还手，以脚还脚”这样的记载。中国传统观念中，也有着“以其人之道，还治其人之身”的说法，两者都是指对方使用什么手段攻击你，你就用同样的手段回击对方。

集体宿舍往往是较容易出现海格力斯效应的地方。来自天南地北的舍友带着不同的生活习惯和不同的观念居住在小小的宿舍里，经常因为误解或嫉妒导致彼此之间发生误会和矛盾。譬如说，宿舍阳台太小，无法一次性满足所有人的需求，那么在空间争取上就会有个先后关系，琐碎的矛盾和误解往往就发生于此——从最初的心里较劲，到后来逐渐开始的言语争执，再后来也许可能发生各种埋怨，诬陷，背后说坏话，甚至动手动脚、打架斗殴等，由此引发的争执和矛盾往往愈演愈烈，甚至导致两败俱伤。事后再看，当事人往往会觉得自己当初那样做真是得不偿失。

在人际交往之中不可能没有冲突，但面对最开始的矛盾，无论是给自己树敌，还是费尽心思去报复他人，都是对个人精力的无意义浪费，与其让自己陷入海格力斯效应的泥潭中，倒不如学会宽容，以豁达的心态面对本可以避免的人际纠纷或心理问题。

有一次，钢琴大师李斯特来到维也纳，偶然间看见一张音乐会宣传海报，海报上的女性演出者声称自己是李斯特的学生，而李斯特却不认识她。李斯特并没有利用自己的影响力揭穿这个假冒者，而且打听到了这个姑娘的住址，悄悄出现在她面前。这个姑娘十分惊慌地解释说，自己是为了生计而冒充李斯特的学生，并请求他的宽恕。李斯特没有为难对方，而是请姑娘当场将要演奏的曲子弹奏出来，并悉心加以指点。

第二天，音乐会如期举行。当演奏到最后一个曲目时，全场听众欢呼了起来——因为李斯特出现在了台上，还演奏了他的钢琴曲。

受到小小的冒犯和误解后，如果立刻带着敌意的心态报复对方，那么很容陷入“冤冤相报何时了”的泥潭与无休止的烦恼之中。有时候，放弃语言上的攻击和冲动下的暴怒，用平静的心态彼此进行沟通，这会比两个人之间针锋相对、唇枪舌剑更能解决问题。

学会理解，善用宽容，不要辜负人生中美好的人和事。

5. 斯德哥尔摩效应：
恐惧底线一旦被突破，就会选择屈从

2002年，美国犹他州发生了一件让人疑惑不解的少女绑架案。一位名叫伊丽莎白的14岁女孩独自在家里复习功课的时候，一名凶悍的男性劫匪突然破门而入，将这可怜的女孩带到了一个隐秘的田间露营地。在自己的隐蔽所，这个绑匪猥亵并强暴了女孩，然后用拴狗的粗铁链将她拴在了大树上。

女孩最初坚决反抗，想尽办法逃走，但是，没想到事情发生了戏剧性的变化：在此后的9个月里，这个名叫米切尔的绑匪一边凌辱和折磨女孩，当她违抗命令的时候对她施以严厉的惩罚；一边给女孩灌输洗脑思想，成功地让她接受了这种被暴力囚禁的生活。到最后，米切尔甚至让她爱上了自己——以至于后来当她单独外出的时候，也完全没有想要逃走的念头。

最叫人瞠目结舌的是，伊丽莎白在外出遇到警察的时候也选择无视，从未想过说出自己的真实遭遇。直到后来米切尔带她回到犹他的家乡时，女孩才被熟人认出而报警。被警察解救后，她才彻底结束了这段噩梦般的生涯。

这个故事中，伊丽莎白的表现看起来十分不可思议——她在遭受到了劫匪的残酷虐待之后，居然完全泯灭了反抗的念头，甚至心甘情愿地站到了绑匪这边帮助他脱罪，甚至还爱上了这个暴力胁迫她的坏人！

然而，纵观犯罪心理学的历史，我们会惊骇地发现，像伊丽莎白这样的情形并不是孤例。历史上曾经有很多受害者都选择原谅那些加害自己的人，甚至还会千方百计地为他们辩护。

社会心理学家们把这种奇怪的心理现象称为“斯德哥尔摩效应”，它是一种通常发生在受害者身上的病态情结，他们因为跟加害者长期相处，对那些害人者产生了一种精神上的依赖，被他们偶然在暴虐中施加的小恩小惠所感动，时间久了以后甚至可能发展成为不可思议的“虐恋关系”。

之所以叫“斯德哥尔摩效应”，是因为这种心理病态症候的得名源于发生在瑞典首都斯德哥尔摩的一场抢劫案件。1973年，两名穷凶极恶的罪犯持枪袭击了这座城市里的一家银行，并挟持了四名银行职员作为人质。与警方对峙了130多个小时之后，犯罪分子才最终放弃了抵抗。

然而，让人十分迷惑不解的是，过了几个月以后，那些被警方解救出来的人质却普遍对那些曾经挟持和虐待他们的两名匪徒十分怜悯，他们纷纷在法庭上作证表示原谅劫匪的恶行，愿意自筹资金给劫匪脱罪。最叫人诧异的是一名女职员甚至爱上了其中的一名劫匪。

有专家分析说，之所以会出现这种奇怪的现象，是因为人性能承受的恐惧有一条脆弱的底线，一旦恐惧的底线被突破，人们往往会选择屈从。那些挟持人质的罪犯看起来当然是穷凶极恶的，好像下一刻就要把自己杀掉了，所以人质会非常害怕，然而当这几名人质发现罪犯仅仅是把自己当成肉盾，而并不是想要真的杀害自己时，一种病态的感恩和依赖之心就产生了。

随即，他们内心深处的恐惧渐渐转化成了对劫匪的感激和崇拜——因为劫匪可以操控自己的生死。再进一步，受害者还会把自己的心理需求投射到劫匪身上，甚至于发展到和他们同呼吸、共命运的境况。

“斯德哥尔摩效应”广泛存在于多个领域的人群中，比如说战俘对战胜者、囚犯对看守、受害者对强奸犯等。这种奇特的心理的产生，通常包含了以下四个历程：

一开始是强烈的“恐惧”，接下来会感到强烈的威胁。这令他们非常“害怕”，本能驱使他们去找人倚靠，而和他们共处一室的劫匪自然是最方便的选择。于是，他们会把加害者给予的一点点好处当成是难得的恩赐。此后，他们就会陷入对加害者的“同情”之中，并且在之后以有形或者无形的方式“帮助”加害者。

广义上的“斯德哥尔摩效应”在婚恋关系中更为常见，有不少女性经常要忍受伴侣的家庭暴力，但是当警方进行干预的时候，她们却又会千方百计地为对方申诉，或是执意不肯离婚。很大程度上，这种在外人看来近乎受虐的心理，就是斯德哥尔摩效应（或情结）在作祟。

第三章

卡瑞尔公式：

别为
可能做错的事情焦虑

1. 卡瑞尔公式：
接受最坏的，追求最好的

威利·卡瑞尔曾经是美国水牛钢铁公司的工程师。一次，他受命去安装瓦斯清洁机，然而令他没想到的是，机器虽然投入使用了，却磕磕碰碰地总是出现一些问题和故障。具有完美主义倾向的卡瑞尔内心饱受折磨——为什么自己没能把事情做到最好呢？如果以后该机器隔三岔五出现故障该怎么办？别人会不会以为自己是个不负责任的人，甚至把工作当儿戏？这件事会不会影响自己的声誉？现在到底该怎样弥补，把机器完全拆除合适吗……诸如此类的想法潮水般涌上了卡瑞尔的心头，搅扰得他寝食难安。

于是，卡瑞尔开始认真思考，到底该如何消除内心的焦虑。随即，他冷静地分析了当前的状况，假设了三种可能出现的状况：第一，事情的最坏结果是机器迅速报废，老板只好把机器整件拆除后重装，最终的损失为2000美元，追究责任后老板把自己开除；第二，我能接受的最坏结果是被辞退，但是我可以重新寻找新的工作机会，而老板即使损失了2000美元，但是也获得了一次宝贵的教训，进而改进安装方法，这笔开支可以充做研究费用；第三，我可以想办法改善目前的状况，把可能的损失控制在最小限度内。

卡瑞尔在解除了思想包袱后，全身心地投入了新安装方法的研究中。几经实验后，他发现，如果再多增加5000美元投入，将会使机器的运行臻于完美。也就是说，卡瑞尔的这次失误经由他的改进非但没成为隐患，还在技术上实现了对薄弱环节的优化——可能的失误变成了意料之外的进一步提升——这就是卡瑞尔公式的由来。

这一公式的流程可以分为三个部分：首先思考最坏的结果，这是消解焦虑的基础，你只有对现实情况有了充分的了解和可靠的认知，才能对局势做出合理的评定。如果你根本不了解自己的处境，很可能你今天勉强在复杂难解的局势前保持了平静，明天你的处境却更加糟糕了，这样你该怎么办呢？如果你的处境或心理没有根本性的扭转，那么你很难持续稳定地靠自我安慰来获取平静——你的心理耐受度将越来越低，直到彻底地崩溃。

第二步，判断出最坏的结果后，使自己接受这一结果。这一行为的背后逻辑是：如果你连最坏的结果都能接受，那么还有什么能打击到你呢？一般而言，现实生活中最坏状况的发生概率毕竟是很小的，这样你就可能觉得自己赚到了——事情再怎么糟糕，也要比预想的最坏结果好那么一点嘛！你连最坏结果都考虑过了，还有什么不能淡然处之？

最后，是平静地改善目前的状况。基于前两步，你已经可以保证心态的平稳了，接下来便是从行动上冷静而高效地加以实施了。

卡瑞尔公式不是用来计算实质问题的，它更主要的是通过合情合理的推导告诉我们该如何面对焦虑，以及如何应对难解的困局。

卡瑞尔公式所提出的思路有时候已经存在于我们不自觉的思考中，而深入了解这一思路的逻辑，并将其融入认知中熟练应用，将会使我们在面对恶劣情景时迅速调整心态，同时充分发掘自己的潜能积极应对。

在面对困局时迅速调整状态，并以乐观的态度积极行动，无疑是非常重要的能力。有人对此提出了“逆商”的概念，而卡瑞尔公式无疑是增强人的“逆商”的有力工具。

生活中许多人会不自觉地使用卡瑞尔公式进行思考。一个比较特殊的例子就是抗击绝症的病人。有些病人会觉得自己可能很早就该“走”了——这就是假设最坏结果；他们会调侃自己“活一天赚一天”——这可以说是接受最坏结果；许多保持这种思维方式的病人们往往心态良好，因为他们在内心已经梳理清楚对自己来说最重要的到底是什么，已经能保持平稳心态了，于是他们会更积极地面对一切困难，配合医生，注重保健，培养爱好，笑对人生——这就是从心灵深处保持乐观。

许多病人就是靠着这样的思想调节和积极行动，在抗击绝症的艰难过程中获得了胜利，同时成功地战胜了病魔。

还有一个生活中的小例子可以生动地展示卡瑞尔公式的日常运用。比如，很多人会经常疑心自己忘了锁门，有时候在上班路上就开始心神不定，甚至恨不得拐回家再确认一遍是否已经锁好了门。

如果遇到这种情况，首先，我们可以假设最坏的情况——那就是门没锁，恰好小偷进去洗劫一空；其次，接受最坏结果——假如真的遭遇了小偷，可能现在赶回家也是于事无补，还不如安心上班；最后，改善状况，那就是以后出门前对潜在的危险做全面检查，或是改善自己的记忆力，或是安装远程智能监控。

卡瑞尔公式实际上实现了两方面的效果：一是鼓励我们坦然接受已经发生的最差情况；二是鼓励我们在接受最差情况的前提下积极改变。

“破罐子破摔”是生活的大忌，它只能导致人在失败的旋涡中越陷越深，而卡瑞尔的两方面效果实际上都指点我们避免消极顺应的心理趋向。

2. 德西效应：
过度的奖励往往适得其反

1971年，著名心理学家德西做了一个心理学实验。他邀请了一些大学生们进行测验，测验的主题是在实验室里解有趣的智力测试题。

这个实验分三个阶段，在第一阶段，所有的测试者都无奖励；在第二阶段，将测试者分为两组，A组的测试者完成一个难题可得到1美元的报酬，而B组测试者的待遇和第一阶段一样——无报酬；第三阶段为休息时间，测试者可以在原地自由活动，并把“他们是否继续去解题”作为是否喜爱这项活动的程度指标。

A组的测试者在第二阶段确实十分努力，但在第三阶段继续解题的人数很少，表明兴趣与努力的程度在减弱，而B组的测试者有更多人愿意花休息时间继续解题——表明B组测试者的兴趣与努力的程度在增强。

德西在这个实验中发现：在某些情况下，人们在精神和物质两方面兼得的时候，不但不会增强工作动机，反而会减低工作动机。此时，动机强度会变成精神与物质奖励两者之差——人们把这种规律称为德西效应。

德西效应表明，让人进行一项产生愉悦感的活动时，如果额外提供物质奖励，反而会减少这项活动对参与者的吸引力。这个实验结论可能和大家脑海中的第一印象完全不同。有人说，我喜欢一件事的同时又能得到一定的报酬，不是鱼和熊掌二者兼得的美事吗？实际上却并非如此——在已经产生了足够多的愉悦刺激的情况下，过度的奖励往往带来的是负面结果。

这对于我们日常的工作、家庭教育可谓至关重要。生活中，我们经常可以听到家长们对孩子的许诺——比如“这次考试进入前三名，就给你买那台你一直想要的手机”等，以此来激励孩子努力学习。但是，实际上，这样的奖励机制从长远来说是无效的。

孩子通过考试得了高分如愿以偿地得到了手机，对学习的兴趣却并不是发自于内心，一次次的物质奖励会让孩子丧失对于知识学习最本真的愉悦感，超过了愉悦心理的最大满足阈值，孩子就会出人意料地丧失主动学习的兴趣。家长们更应该做的是想办法刺激孩子们在自我学习中的愉悦感，然后辅之以适度的奖励，来保持孩子探索未知世界的积极性和旺盛的好奇心。

一个小故事也能说明德西效应的定理。一位老人在一个小乡村里休养，但附近却住着一些十分顽皮的孩子，他们天天互相追逐打闹，喧哗的吵闹声使老人无法好好休息。于是，他出来给了每个孩子25美分，对他们说：“你们让这儿变得很热闹，我觉得自己年轻了不少，这点钱代表我的谢意。”

孩子们很高兴，第二天仍然来了，一如既往地嬉闹。老人再出来，给了每个孩子15美分。他解释说，自己没有固定收入，只能每人少给一些。15美分也还可以吧，孩子仍然兴高采烈地走了。第三天，老人只给了每个孩子5美分。孩子们勃然大怒，叫道："一天才5美分，知不知道我们为了讨好你有多辛苦！"随后，他们向老人发誓再也不会来这儿玩了！于是，老人的门前也终于变得清静了。

故事中的老人就是逆向运用了德西效应。有了金钱的刺激，打闹喧哗在孩子们的脑海中和得到物质奖励画上了等号，刺激他们愉悦感产生的不再是自我的行为，而变成了金钱奖励。当这种金钱刺激消失，他们自然就减少了这类行为。所以，保持对于一项事物长久的动力绝不是单单物质奖励就可以做到的——因为我们所有的举动本质上都应该是一种愉悦感产生的反应。

在追星文化中，德西效应的体现更加明显。有的粉丝是真的出于自身的喜欢，为自己偶像贡献流量数据或修图，或是购买由他们代言推广的产品。这类号称"用爱发电"的粉丝的稳定程度相对较高，因为这类粉丝的热情源于自身的喜欢，而这种自身的愉悦感反应在了他们的粉丝行动中。

与之相反的是另一类粉丝，他们是专挑选当下的流量热点明星去"喜欢"。而后从拍图卖影集等行为中谋取一定的利益，当这个明星的热度不再，无法再为他们提供稳定的金钱收入时，他们往往就"变心"喜欢其他明星了。这类粉丝流动性大，并不能给所谓的偶像流量带来实际上的促进作用。因为他们行为的根本原因是外在物质的刺激。当这个外在刺激不再有了，他们继续支持曾经的偶像的兴趣也就减退了。

德西效应告诉我们，做任何事情要想持之以恒，一定要有发自内心的喜悦。当这件事情能够给你带来内心真正的满足感的时候，你才会更有动力和毅力去做重复性的工作，或是在看似枯燥乏味的知识学习、理论探索中找到更大的快乐——这是单纯的物质奖励无法做到的。

奖励是一种方式，但是过度的奖励却会影响你做整个事情的动机，从而带来失败。如何在二者之间平衡这个度成了至关重要的一环。

3. 改宗效应：
宁愿要一个反对者，也不要一百个赞同者

在生活中，我们常常会遇到进退两难的时刻。比如，我们发现管理者的某项决策出现了错误，要不要积极向上反映？管理者更喜欢闷头做事儿的人还是“咋咋呼呼”看法一箩筐的人？有些话不吐不快，但是吐露出来就可能得罪人，究竟选择闭口不提还是大声说出自己的意见或看法？

美国社会心理学家哈罗德·西格尔告诉我们，其实大声说出自己的反对意见，更有可能得到领导的赞赏——这就是“改宗效应”的主要内容。

这些问题可能困扰着许多职场人，毕竟，管理者的意图对于一般人来说难以捉摸，但问题如果一直得不到解决的话，既影响和领导同事的相处，也可能影响员工的工作热情。反过来说，管理者对于下属不同意见的态度，直接地影响到团体内部的氛围。

“改宗效应”所研究的，就是人们对待不同声音的直观态度。

“改宗效应”的结论多少可能会超出一些人的意料——假如甲想得到一件对其很重要的事情的外部看法，而乙提出了与甲不同的看法，但

在一番据理力争后放弃了自己的看法转而支持甲，而丙从头到尾都支持、附和甲的看法。那么，对于甲来说，他可能更青睐乙而非丙。

之所以会出现这种看似不可理解的现象，有以下几种原因：甲觉得乙有独立思考的能力；甲很享受说服别人的自豪感；甲觉得丙唯唯诺诺缺乏独立思考……甚至，这几种思想兼而有之。

这就提醒我们，面对外界的种种变化，一定要有独立思考的能力。尽量避免人云亦云，而应该发掘自己的思辨能力，打破既定的思维模式。即使不能说服对方，我们所发出的不一样的声音也比一味赞同有价值得多。甚至，你可能一时词穷，甚至迫于压力不得不改换口径，但是你坚持不随大流的态度会被对方看在眼里。就好像古斯塔夫·勒庞在《乌合之众》中所说的："孤独的个人具有主宰自己的反应行为的能力，群体则缺乏这种能力。"

亚里士多德是古希腊哲学家柏拉图最得意的弟子，他从17岁就进入师门，跟随老师长达二十多年，深受柏拉图的喜爱。然而，在追求真理的征程中，亚里士多德经常会批评老师言论中的错误和缺点，特别是在哲学思想的内容和方法上，他都同柏拉图存在着严重的分歧。

于是，有些人就指责他背叛了老师，亚里士多德对此回敬了一句流传至今的名言——"吾爱吾师，吾更爱真理！"柏拉图也没有因为亚里士多德的这种"背叛"不高兴，反而觉得他是自己最好的学生。

有些人喜欢揣测上司的心意，处处顺从、附和上司的意图和指示，情愿做老板"肚子里的蛔虫"。我们不从道德意义的层面上对此做评价，改宗效应告诉我们。这其实是南辕北辙的行为。这些人并没有从根本上理解上司的所思所想，也不知道上司最想听到的声音是什么样的，怎么就知道他想要一个“应声虫”呢？

如果只会重复上司的观点，那该怎样表明你是一个有想法、有能力的人呢？你自己的价值该如何凸显？最重要的一点是：相对于其他人，属于你的与众不同的竞争力又表现在哪里？

人的心理是最难以理解和把握的，即便如此，我们仍然可以尽己所能地拨开阻碍人与人之间交流的迷雾，提高沟通的效率，减少沟通的成本。对我们而言，“改宗效应”所提供的的最重要的借鉴意义就是：要勇于表达不同意见，即使发现有些方面表达错了，也不要慌乱和懊恼——如果你的意见经过了审慎的、理性的思考，就一定比一味唯唯诺诺、随声附和的人更优秀。

4. 变化盲视效应：
生活时刻都在变化，却总有人视而不见

英国魔术师德伦·布朗在一个电视节目中为观众展现了叫人目瞪口呆的一幕：演员A在路上随便找一位路人问路。这时，两个搬运木门的人从二人中间插过，演员A在这个过程中换成了演员B。随即，演员B继续问路，但路人居然没有发现——原先的问路者被调包了！

伊利诺伊大学的心理学家丹尼尔·西蒙斯对这个看似不可思议的现象进行了研究，发现了一个奇妙的结论：人们只对自己特别关注的东西感兴趣，而对不太重视的环境、背景的改变完全意识不到。

西蒙斯将之命名为“变化盲视效应”，意思是当我们全神贯注于一样东西的时候，对其他事物就会像盲人一样浑然不觉。

此外，他还用一个名为“看不见大猩猩”的神奇实验为我们验证了这一现象的存在：

参与实验者被要求观看一段视频，并数出里面穿白色球衣的人共传了多少次球，由于视频里穿白色球衣的不止一个，所以数起来还挺不容易的。然而，这个视频的目的却并不是真的让参与实验者数传球次数，而是问他们是不是看到了视频里面一个捶胸顿足的大猩猩。

你可能会觉得，这太简单了，谁还能看不到一个如此引人注目的大猩猩？但最后的实验结果却表明，至少有50%的参与者根本没有注意到这个极为显眼的大猩猩！

我们经常可以在网上看到一些搞笑的影视剧穿帮截图，比如《权力的游戏》最终季中出现在龙女王丹妮莉丝面前的星巴克咖啡杯。还有，在好莱坞经典电影《埃及艳后》的一幕中，伊丽莎白·泰勒扮演的埃及艳后穿着一双现代高跟鞋。这类穿帮镜头数不胜数，甚至成了影迷所津津乐道的趣事。但是，你有没有想过，我们看影视剧的时候居然从来没注意过这么明显的穿帮镜头？

其实，这就是“变化盲视效应”的最好验证，当我们看电影或追剧的时候，所有的注意力都投注在了曲折动人的剧情上了，这些剧中一闪而过的穿帮镜头自然就很难引起我们的注意了。

在现在这个信息爆炸的时代，想要让人们在浩如烟海的网络信息中注意到自己是非常难的。“变化盲视效应”告诉我们，只有你是最特殊、最吸引眼球的那一个，才会被人注意到。所以，我们才会看到如此多的“网红”在种种网络媒体中通过耸人听闻的标题或是标新立异的表演来吸引眼球。

随着电子设备的普及，生活中出现了越来越多的“低头族”，这些人每时每刻都在盯着智能手机看，在坐车的时候、排队的时候，甚至走路的时候都不肯让自己的双眼离开手机屏幕，简直把自己的现实生活和手机里的网络虚拟世界捆绑到了一起。殊不知，这样的做法有着非常高的危险性。

当一个人把自己的全副精力集中到手机上的时候，往往就会对自己身边经过的车辆或行人视而不见。在“变化盲视效应”影响之下，甚至遇到危险的时候这些人也不知道躲闪，很多社会新闻中的惨祸就是这样发生的。

而比“低头族”更危险的，是司机在驾驶过程中沉迷于手机，即使只有很短暂的一段时间，也有可能造成极为可怕的结果。

“变化盲视效应”也可以应用在人际关系当中。在我上高中的时候，考试成绩数一数二，经常和我竞争第一名的是同学A，所以我平日里就很喜欢和他玩，并且观察他、模仿他，甚至在每一次模拟考试结束之后第一时间就找他对答案，猜测他考了多少分。然而，没想到的是，高考结束之后，同学A考的分数并不如人意，反而是另一位平时不太引人注意的同学B获得了全班最高分。

所谓“一叶障目，不见泰山”，我就是因为同学A过于优秀而忽视了其他同学，把他们全都当成了背景板。试想，如果我是一个高三毕业班的班主任，眼里只有像同学A这样的尖子生，而对同学B这样的“普通学生”放任自流，可能就不会有这样的黑马出现了。

企业管理者们同样应该从“变化盲视效应”中获得启示，不能只盯着那些工作能力最强、完成任务最好的员工，也不要只盯着那些最耀眼的项目。能力一般的普通员工和普通项目同样重要，因为只靠几个骨干精英是做不完所有任务的。管理者必须合理配置工作任务，让每个员工协同配合，齐头并进，如此才能在取得良好效益的同时提升工作效率。

第四章

贝尔效应：

越厉害的人，
越乐于分享

1. 贝尔效应：
一个优秀的团体背后，总有一个更优秀的推手

马特是一名职场新人，在一家销售日用品的公司里工作。他工作非常努力，但业绩却不好。他的上司并不看好他，认为马特一定过不了试用期，不给他销售的机会，只等着试用期结束就辞退他，最后马特也确实黯然离开了公司。而另一个和马特同时进公司的同事杰瑞也是职场新人，也非常努力却业绩不好。但他的上司却在观察杰瑞的销售过程后，给他提供了针对不同客户的方案，让他照着去做。杰瑞按照上司的指点在失败中不断磨炼，逐渐提高了业绩。

为什么杰瑞的上司可以为杰瑞创造机会，而马特的上司却不能？这固然有两名员工的个人因素，但与管理者在工作中使用的管理风格有更大的关系。杰瑞的上司可以将自己销售过程中熟练的想法和经验传授给杰瑞，并且积极给他创造接触客户的机会，马特的上司却不愿这样做，两人的管理风格决定了下属的去留。

能够经常跟自己的下属和团队分享想法的管理者，其实很不容易。因为很多人有了好的想法以后总喜欢当成是“秘密”，不肯教授给下属，甚至认为这样就会“教会了徒弟，饿死了师傅”。这些人更趋向于自我的

成功，而不是他人的成功。毕竟按照一般的想法，既然自己有了好的想法，为什么不去做呢？让自己获得成功难道不比团队获得成功更好吗？

20世纪英国著名的物理学家、X射线晶体学家约翰·德斯蒙德·贝尔（John Desmond Bernal）就是一名擅长给其他人创造机会的管理者，他正因为这种行为而饱受争议。人们认为他的这种将想法分享给下属的行为是一种“怪癖”——在明明自己研究也有可能获得诺贝尔奖的情况下，却把一个个开拓性的课题提出来，让实验室的成员去研究。甚至，他连自己的研究课题也分享出去，推动了同事和学生们的科研发展，成就了更多的诺贝尔奖获奖者。

贝尔的一生所获的最高荣誉仅仅是英国皇家学会会员，但在他的推动下，学生多萝西·霍奇金（Dorothy Hodgkin）、同事亚伦·克鲁格（Aaron Klug）的研究成果却分别获得了1964年与1982年的诺贝尔化学奖。贝尔推动了学生和同事的成功，他因为这种行为而知名，而在心理学领域，人们也把管理者积极为下属和同事创造机会的现象称为“贝尔效应”。

在企业管理体系中，管理者与员工的工作分工是不同的，不同的分工决定了不同的工作性质。管理者所做的不仅工作上的事，还包括员工的管理。人的想法是复杂的，管理者需要去了解员工的想法、员工对于工作的体验、员工对于职业规划的想法，而不仅仅是在工作层面进行管理。

管理者想要达到管理的成功，最快捷有效的方式就是让下属获得成功。因为，一个团队建设的目的就是让团队形成更大的生产力。如果一个管理者不能促进团队成员的成功，自然也无法促成团队的成功。

在一个销售团队中，一般会将管理者的业绩与整个团队的业绩绑定在一起，让管理者不仅聚焦自我的成功，更聚焦于团队的成功。这种管理者和团队的“利益捆绑”，是企业为了获得成功所创造的管理制度。但有些管理者却不这么想，他们关注的仍然是自己的业绩是多少，却忽视了整个团队其他成员的发展。这样的管理者，可能会让自身能力发展得更好，在管理一事上却未必称职。

一个好的管理者，管理的不仅仅是业绩，还包括团队成员的发展。当管理者将视野放宽，看到员工的发展时，就会产生如何推动员工发展的想法，从而达到业绩的提升。如果管理者仅仅看到的是业绩，则会通过不断更换更为出色的员工达到目的。也许，后一种管理者能够在更短的时间内，达到团队的业绩提高，但却会消耗人力资本，无法形成可持续性的发展。

管理者在为员工积极创造机会时，员工自然可以感受到管理者的看重，从而努力回馈到工作中去。在“贝尔效应”中，贝尔为学生和同事创造的机会，就延续了他的影响力。更让人敬佩的是，贝尔不在意功劳的归属，而是支持学生和同事进行科学的探索，从而缔造了整个团队的巨大成功。

所以，管理者想要创造团队的成功，还是需要在管理中使用“贝尔效应”，促进团队成员的共同发展，才能形成一个组织内部的良性循环。

2. 搭便车效应：
好的激励不是平均主义

“整个小组只有我一个人拼死拼活做实验，其他人每天什么事情都不做，最后我们的成绩却是一样的，凭什么啊？”

“那群蛀虫每天上班摸鱼，我加班熬夜通宵，失眠多梦饮食不规律，终于把项目给搞定了，凭什么奖金所有人平分？”

无论是学校内的实验小组，还是职场中的团队任务，都似乎总有这样的“血泪控诉”：某人是团队里唯一认真工作从不“摸鱼”的人，付出了大量时间、金钱和精力，最终却要和团队里的其他人一起分享荣誉。又或者是自己最先写完了报告，结果同事们纷纷想要借过去抄……

每一个经历过这些的人都会愤愤不平：凭什么自己的劳动成果，要分给那些从不付出的人？

这就是团队合作中的平均主义所带来的“搭便车效应”：一个人含辛茹苦干完了所有的活儿，其他人不用费劲就能够分享胜利的果实。所有人都得益于这位最勤奋的人的辛勤付出，但付出的却只有他或她一个。

朋友聚会的时候经常会选择AA制来买单，并且清楚地知道这是最为友好的方式，但在工作中却未必。自然，无论实际如何，每一个人或多或少都想要当那个“搭便车”的人。我们明明知道人均分摊能使每一份成本降到最低，但事实上，总有人希望可以能者多劳。换言之，就是希望有人愿意做出更大的牺牲，以减轻其他人的压力，而最终分得的报酬却不变。

搭便车效应的危害也正源于此：它源自团队里的平均主义，将个人的责任转化为集体的责任，将个人的产出转化为集体的产出，只看集体的成果而不看各人的成绩。在责任指向不明确的情况，惰性和消极心理随之而生，其导致的后果很可能就是拖延或草草完结、敷衍了事。即便有“劳模”出现，但那人也不会总愿意委屈自己，而是更想积极寻求解决的办法，获得本该属于自己的奖励。

从更深的社会和心理层面来看，搭便车效应的产生有着一定的历史和文化成因，也有其存在的必然性。然而，人是趋利避害的社会动物，即便当今社会一直强调合作的重要性，但如果在这个过程中过多地强调“整体性”而忽视小组中的个人价值，就很可能会使其中成员都希望由同伴来承担付出的风险，自己则不劳而获。

如此的恶性循环之下，会让更多成员失去为团体利益而奋斗的动力，削弱整个团队的综合能力和积极性，使得最终的成果或成绩大打折扣。

这并非一个成熟团队的应有做法，或者说，我们所能看到的每一个成功的团队都不会有这样的问题。当然，为了解决这个问题，古今中外都给出了许多办法。中国古时就有这种落实责任到每一个人头上的制度：砌墙的砖块上必须刻有监工和工匠的名字，若是出问题了便可立刻追究到个人。

又比如我们所津津乐道的乔布斯被自己一手创办的苹果公司开除，之后又“王者归来”，带着苹果公司重返巅峰，这虽然经常被用来担任励志文章的素材，但也正说明了这种制度对“搭便车效应”的抑制——只要公投表决的结果显示大多数人认为你不行，那么即便是董事长也得走人。

这是国外公司的标配制度，但这毕竟有着大量利益关系的牵扯，所以制度上更加慎重是正常的。那么，如果没有如此巨大的利益呢？如果只是比较小的事件，或者只是一次作业呢？也有办法，就是缩减团体的规模。

心理学研究表明，如果合作小组的规模较小，就会让每个小组成员的努力和做出的贡献对整个小组都有较大影响。换言之，则是每一份责任都相对较重。那么，鉴于更加有效的监督和更明确的责任与成果划分，会减少这种平均主义带来的不确定性，付出更多成果更好的人自然更突出，成绩不如人意的成员也无所遁形，让搭便车效应明显减弱。

消除“搭便车效应”最好的方法，就是调动每一个成员的积极性。如果每一个成员都将工作当作自己的事业，投入热情去干活，“搭便车效应”自然不复存在。而要调动起每个成员的积极性，需要明确分工与合作范围，营造良好的团队精神和工作氛围，以及——最重要的——确立清晰的奖惩制度。毕竟将心比心，不是每一个人都愿意无怨无悔“替他人做嫁衣裳”，不是吗？

3. 责任分散效应：
冷眼旁观的实质，是责任太过分散

“责任分散效应”还有一个更为通俗的名称，那就是“旁观者效应”。

2011年10月13日，震惊全国的“小悦悦事件”，一名女童被车辆碾压，18名路人先后在7分钟内路过此地，却都视而不见，女童最终在被送医后抢救无效死亡。事件发生后，民众纷纷指责这18名路人的见死不救。这确实是一件让人心痛又难以置信的事件，拷问着每个当事人的良心。但细究原因，这“见死不救”的背后，却并非完全出于道德的沦丧和人性的缺失，其中潜藏着十分隐秘的心理学原因——旁观者心态，即责任分散效应。

这一心理学效应是指，就某一件事来说，如果是单个个体被要求单独完成此项任务，那么该人对于这项工作的责任感就会很强，立刻就可以立即投身工作了。但如果是要求一个群体共同完成任务，那么，完成任务的责任就会平摊到每个人身上，进而削弱这一群体中的个人责任感，让每个个体的潜意识中有了自己可以推卸责任的想法，从而在群体共同面对的工作（或是困难）前退缩。

中国很早就有了“一个和尚挑水吃，两个和尚抬水吃，三个和尚没水吃”的故事，若说这个故事只是具有一定的教育意义的话，那么于1964年发生在美国的“基蒂·珍诺维丝遇害案件”，就是现实中所发生的典型事例了。

1964 年，纽约皇后大街的一个中产阶层居住区内，年轻女子基蒂·珍诺维丝晚归时遭到了一个持刀歹徒的恶意袭击，她身中多刀后大喊救命。一个邻居在窗口后大声警告那个行凶的男人。行凶男子本来意图逃跑，却发现没有一个人出来制止，于是他再次将基蒂击倒，凶残地继续施暴。女孩继续呼救，最终有人选择报警。警察接到报警后两分钟便赶到了现场，但基蒂已受伤过重死亡，袭击者也逃之夭夭。令人发指的是，这一袭击行为整整持续了35 分钟。

警察在调查后发现，事发当晚，居住区附近共有38 人目睹了这起犯罪事件，但最终只有一个人打电话报警。一对夫妇甚至说以为有人报了警，于是坐在窗前目睹了事件的发展。最为离奇的是，虽然有这么多人目击了这次凶案的发生过程，施暴者却一直未被警方抓获。

此事在全美掀起了轩然大波，坊间流传的失实版本说：“尽管受害人大声呼救，她的邻居中至少有38位到窗前观看，但无一人来救她，甚至无一人打电话报警。”但事实是只有十多人听到呼救声或看到凶案的部分过程，其中只有数人能听到明确的呼救声。并且，有一部分人认为这是有人在吵架，没有人知道此地正在发生凶杀案。而对于凶手的两次攻击，也分别只有一人发现并报警。而警察也没有在第一次报警时收到报案后立即出动——他们也同样以为这只是一般的吵架事件。

到了2007年，美国心理学会出版的一篇相关分析文章指出：尽管对于基蒂案的诸多报道皆被媒体夸张或歪曲，其中危言耸听的部分甚多，但其仍被作为经典案例写入心理学教科书，是因为在责任分散效应这一领域中，这桩凶杀案是一个非常鲜明且引人注目的例子。

此案例虽影响广泛但的确存在失实报道等问题，两位年轻的心理学家约翰·巴利和比博·拉塔内对此进行了新的实验研究，对这一事件中旁观者的“无动于衷、见死不救”心理做出了新的解释。

在他们的实验中，有72名不知真相的参与者与一位假扮癫痫病患者的工作人员，他们之间保持着一定的距离，只能使用对讲机进行通话。这些参与者被分为一对一和四对一的对比组。两位心理学家要研究的是：在参与者和工作人员的交谈过程中，当“病人”大呼救命时，两组参与者是否会做出不同的举动。

事后的统计显示，在一对一通话的对比组中，有85%的人冲出工作间去报告有人发病，而在四人同时与病人进行交流的组内，只有31%的参与者采取了行动。

种种真实事件和相关研究证明，责任分散效应普遍存在于各种情景之中。对于这种责任分散的情况，心理学家研究发现，这是因为面临事件时，如果身边没有其他人在场，人们便会产生一种自发意识——这是只有自己能承担的责任。

与之相反，当身边有同伴时，大家都会下意识认为——别人将会承担相应责任，或是“责任应该是大家共同承担的”。这种想法必定会减轻落到个人头上的责任感和愧疚感。毕竟，万一任务失败或没有完成，也不是自己一个人的错，不是吗？在这种情况下，如果你不动，那么我不动，人人都在旁观他人的反应，该做的事自然就会一拖再拖了。

想要破除这一魔咒，解决办法是“有针对性”。“小悦悦事件”爆出后，陆陆续续有相关研究者向大众“科普”了一波旁观者效应的知识，并指出，若急需帮助，最好将求助的诉求直接指向某一人，而非泛泛地向周围的人呼救。

其实，在日常的工作中也是如此，一项任务在交给某个团队去完成时，一定要指定对应负责人，将责任承担制度固定下来。而当需要批评某个团队时，想让管理层的批评真正生效，每次批评就需要针对团队的每个成员，这样才会落实每一份责任。否则，若是整个团队一起接受这样的批评，出于人们的正常心理，责任推诿的现象必然会产生。

4. 海潮效应：
优秀的人之间总是互相吸引

“优秀的人总会相互吸引”——这的确是现实中的一大现象。你会发现，学生时代，尖子生总爱和尖子生交流，班干部们往往有一个小团体，能力平平的学生更愿意和跟自己一样普通的同学来往……

而在社会上，这种现象更加鲜明，最为典型的也许就是求职之中了：越是优秀的公司，要求越是高，光是学历上就能筛掉八九成的求职者。“沧海遗珠”的现象必然会有，但敢于给这样的优秀公司投简历的群体本身就足够优秀。

反过来也是一样，越是优秀的求职者，也越容易得到报酬优厚、前景光明的工作机遇。这正是“学霸级”人物给人的压力所在：当我们沉浸在题海中眼花缭乱的时候，学霸轻轻松松就坐在了前几名；当我们还在焦虑于投出去的几十份简历石沉大海时，隔壁学霸已经拿到了全球五百强的offer（录用通知），你说压力大不大？

这种双向选择其实是社会中的正常现象，简而言之——越是优秀的人，在社会上就越具有广泛的吸引力，这是心理学中的“海潮效应”。

海潮效应得名于宇宙天体和地球潮汐之间的引力关系，这原本是一种天体物理学现象——引力越大海浪越大，引力越小海浪越小；如果引力不存在了，那么海洋中连一个小浪花都不会产生。正如良才得遇明君的故事，若无刘皇叔三顾茅庐的诚挚，燕昭王千金买马骨的豪气，又哪里能有“天下英雄尽入吾彀中”的美闻？即便是在现代社会，诸多鼎鼎大名的精英和业界翘楚或是为实现抱负，或是因利益驱使，少有在一家企业一待到底的。归根到底，这种种现象都无非缘于一个“吸引力”的决定性因素。一分钱也有可能难倒英雄好汉，再厉害的人物，不管是叱咤风云的资深领导者还是桃李满天下的学界“大咖”，无不有着物质上的需求。而企业想要吸引这些精英人物的加入，自然也得拿出足够的诚意来。

天花乱坠的蓝图和PPT演示只能吸引不知世事深浅的年轻人，要想真正招揽到人才，就要拥有相应的吸引力，要么拿得出真正的利益，要么能提供更好的平台，才能吸引到出类拔萃的“弄潮儿”。当然，在那之后也要建立合理的奖惩制度，完善激励机制，才能让人才甘愿为企业出力，并一直为企业所用。

丰厚的物质向来是招揽人才的首选，如今的职场人员跳槽，往往看重的也是更为优厚的薪资待遇。另一方面，读者常为三国演义而击节，很大程度上是感动于其中理想的君臣相处之道——“有情有义，肝胆相照”。的确，无数人为了各自的理想而团结起来，为了各自的政治理念而相互斗智斗勇，也证明集体理想和前景无疑也是“海潮效应”中的一种“引力”。即便是今天，不也正有许多原本的理想主义者坚持自我理想，以自己的自信和坚持吸引共同奋斗的朋友，最终将之实现吗？

无论是实是虚，“海潮效应”都体现了一件事：要想吸引如浪潮般涌来的人才，你都必须拥有相应的优势和吸引力。

唐朝大诗人李贺写过一句诗：“报君黄金台上意，提携玉龙为君死”，这向来被用以歌颂忠义之士。而诗中的“黄金台”，就是燕昭王为招募贤才所建。公元前314年，齐国趁燕国内乱之际出兵侵占其领土。燕昭王继位并清除内乱后，决心招纳天下贤能之士以振兴燕国。然而，号召是提出来了，就此投奔他人的却寥寥。于是燕昭王向郭隗请教，郭隗便给他讲述了“千金买骨”的故事：

从前有一位国君，愿用千金买一匹千里马而不得。一人自告奋勇请求办理此事，得到国君允准后，此人用五百金买了一匹千里马的骨头。国君认为他浪费金钱而不悦，此人却说：我这样做是为了让天下人都知道，大王您是真心实意地想出千金买马——即便没有得到千里马，甚至于千里马的尸骨也是您所看重的。您求马的心意是如此真诚，必然会有人为您奉上宝马。在这之后，很快就有人送来了三匹千里马。

郭隗以这个故事向燕昭王表明：“若想求贤，就需要让人看到诚意。”燕昭王深以为然，拜郭隗为师，为他提供优厚的俸禄，并修筑“黄金台”以招贤纳士。自此，乐毅、邹衍和剧辛等贤士纷纷前往燕国。公元前284年，乐毅率军联合各国攻打齐国，一举占领七十余城，大胜而归。

千金能买千里马，当这个理念不为人所知时，无人献上宝马，向天下人宣扬了这个概念后，才让人闻风而动竞相献马。吸引力寄托在事物本身上，更需要宣传手段到位——没有挖不到的人才，只有缺乏吸引力的待遇和前途。当然，这一切的前提是领导者足够优秀，且有足够的诚意和远见卓识——优秀的人就像一块磁铁，总会吸引到更多优秀的人才为其所用。

第五章

名片效应：

社会交往中的心理学效应

1. 名片效应：
所谓合适，大多是因为三观相似

时下，如果我们经常关注娱乐八卦，就难免听到“人设”这个词。它本来是“人物设定”一词的简称，一般是创作虚构类作品才会用到。不过，现在已经变成了一个心理名词——专门用来形容现实中公众人物按照受众喜好塑造出的某一形象，或是性格特征中最鲜明的一点或几点。

明星或是其他公众人物塑造自己的“人设”当然不是无聊之举，因为这些鲜明的特质可以在恰当的受众群体中起到良好的传播作用。他们为什么这么做呢？原来，这是有意识地运用了心理学中的“名片效应”。

名片效应，是指在人际交往时，一方基于已知的对方信息，展露出自己与对方所具备的共同的价值观、兴趣、喜好、态度等，对方往往会愿意迅速与其接近，并建立良好人际关系的现象。

在明星们构建自己的“人设”，并让其发挥吸引或稳固粉丝群体作用的过程中，尽管明星与粉丝之间的关系并非对等，但这些“人设”确实大多是根据社会风气、粉丝喜好、非粉丝认同度等影响因素最终确定的。

名片效应为什么容易起作用呢？我们或许可以从下述角度来进行

分析。

在日常生活中，我们都遵循着自己为人处世的一套观念、理论、方法，也自然习惯了从自己的角度看问题。于是，当我们接触到那些符合自己固有认知的事物时，多半就会很乐意见证它们的出现和成长、发展——因为这证明了我们的观念和由这些观念主导的主观世界是正确的、是符合客观规律的。这样一来，当其他人的表现和自己相似时，我们就会因为得到了认同而对这种相似性产生好感，进而缩短与对方的心理距离。

只需把握对方的特点，把我们也认同的那部分找出来，然后据此形成自己的“心理名片”（即人设），就可以有效地拉近与对方的关系。

我有一位大学同学就是这样运用名片效应结识自己的研究生导师的。

确定自己能顺利保研后，在给自己最欣赏的导师发电子邮件介绍自己前，她先去搜索了一番导师的资料，发现他在科研之外非常喜欢各种球类运动，经常和手下的研究生们一起活动放松。于是，她在邮件中不仅写明了自己优异的学习成绩、刻苦钻研的决心和对未来研究方向的思索，也附带提到了自己初高中都曾经是校排球队的成员，在本科期间也没有放下这种特长。

随着一封封邮件往来，她的导师就和她提前熟悉起来，导师在确定她能顺利就读本专业的第一时间就把她吸收进了自己的课题组。

反过来说，如果我们从他人处接触到一种自己从未接触过的陌生想法或做法，它们多半会打破我们的固有认知，让我们意识到：“原来我身边还有不符合我想法的事情，我不是绝对正确的”。然后，本能的“排异反应”就会让我们心生警觉：“为什么不一样？为什么我不对？为什么你不一样？”——这些念头也许不会停留很久，但至少会激起我们的一些负面感受，让我们本能地选择拒绝与别人合作。

现在的世界第一大石油公司——壳牌集团，是由荷兰皇家石油公司与英国壳牌公司于1907年合并而成的。

1903年，英国壳牌公司经营不善之时，荷兰皇家石油公司与美国商业大亨洛克菲勒创立的标准石油公司均找上门来试图趁机收购。不过，商场上无往不利的洛克菲勒这一次却扑了个空，原因就在于他和荷兰皇家石油公司采取了不同的手段——洛克菲勒简单、直接、粗暴地找了中间代理商上门向壳牌公司宣称有收购意向，这种态度一下子激起了对方的反感，双方当然也就不欢而散了。

后来，荷兰皇家石油公司的总裁德特丁和壳牌公司总裁共同成立了另一家亚细亚石油公司，在亲自找上门来后也没有立即提出完全收购股份，而是从合伙人和同行的角度出发，以温和的言辞先获得壳牌公司总裁的心理认同，再提出要购买部分股份。

最终，这种站在对方的立场思考问题，并为对方做长远考虑的谈判思路让两家公司强强联手，公司不断做大做强，进而成为傲视全球的石油行业巨头。

所谓“物以类聚，人以群分”。在人际交往中，我们每个人都各自的好恶，有相同或不同的地方。根据对方的特点和需要，找到自己身上能够提供共同话语的部分，将之特别表现出来形成“心理名片”，并精准投递给对方，才能强化双方的相互认同感。

显然，这样做不仅有利于创造融洽的沟通环境，也能够直接或间接地提升对方的好感度，从而让双方的关系变得更紧密，还能让自己的人际沟通能力更出色。

2. 聚光灯效应：
你太在意的事情，或许别人并不在意

我曾经在网站上连载过一部小说，写到中间的时候我才发现其中有一个巨大的情节漏洞，于是发了出来和读者们讨论，然而，让人意外的是，他们居然全都没注意到——即使在我看来这个漏洞大到足以影响阅读。

生活中也是这样，有很多你自己十分在意的事情，或许你身边的人根本就没有注意到。这也正符合心理学上所说的“聚光灯效应”。

美国康奈尔大学心理学教授托马斯·吉洛维奇和威廉姆斯学院心理学教授肯尼斯·萨维斯基在1999年发表的一篇文章中首次提出了“聚光灯效应”。在一次研究中，这两位心理学家要求一些参与者穿上特殊的T恤，这些衣服上都印有一位在大学生群体中声名存疑的歌手形象。

在属于自己的一段测试时间里，每一位穿特殊T恤的参与者都被要求在一名实验工作人员的陪伴下敲开一个房间的门并进入房间，而房间里已经有4–6名身着正式服装的参与者在填写问卷。

在穿特殊T恤的参与者离开房间后，工作人员会询问穿T恤者认为有多少人注意到了他的衣服，然后询问其他参与者是否注意到后进门的人衣服上有什么图案。结果显示：实际注意到穿T恤者衣服图案的人数远少于穿T恤者自己的预估：穿T恤者给出的数字超过一半，但实际报告注意到图案的其他参与者数量仅占总数的约十分之一。

在另一次实验中，两位心理学家要求一些参与者预测他们在某些特殊场合下的外貌与平时的外貌特征是否会被他人进行比较，会被怎样评价。汇总答案后发现，对那些认为自己的外表特征被别人发现的人来说，别人实际上并不那么容易真正区分他们在特殊场合下的外貌特征和他们平时的外貌特征。

根据多项实验的结果，吉洛维奇和萨维斯基得出结论：人们总是倾向于高估旁人对自己行为举止、外貌特征乃至长期行为规律等的关注程度。

也就是说，在我们的日常生活中，我们很容易基于自己的想法，放大甚至凭空臆造他人的关注，就好像人群之中只有自己的头上有个聚光灯，能将自己照得比其他人更亮，而大家都会把更多的注意力投向更亮的地方似的。

我还上学的时候，每当在课堂上被老师叫起来回答问题时都会万分紧张。因此，我站起来的时候一定要先拉一拉自己的衣摆，以求仪容仪表看上去更得体一些——好像不这么做的话就会有人笑话我衣服皱了或举止不得体。

有那么几次，我可能是声音过分嘶哑，可能是说错了某个字，又或是因为太过激动把口水喷了出来。当时，我的第一反应都是：“天哪，我在所有人面前出丑了，他们会怎么看我？”

但事实上，课后我小心翼翼地试探同学们对我课堂提问的表现有什么看法时，我发现没多少人知道我回答问题时什么时候声音变低了，或什么时候读错了字——他们甚至几乎没有抬起头来看过我一眼。得到了这样的回答之后，我才稍微松了一口气，但下一堂课被老师叫起来提问时，又会提心吊胆地想："老师和同学在看着我呢，我做什么他们都会看见的，千万不能出丑啊。"

其实，这种经历和感受是十分常见的。曾经风靡网络的经典对答——

"你瞅啥？"

"瞅你咋地？"

——就是聚光灯效应的一种变相体现——别人其实根本就是很随意地看东看西，但是我们却会觉得他在看自己。

日常生活中也有许多类似聚光灯效应的案例。

有一位女孩的相亲历程饱受"见光死"的困扰，无奈之下只好求助于心理咨询师。她对心理咨询师说，自己在和相亲对象聊天的过程中获得过很多人的好感，但不知道为什么每一次约会都会失败。

在咨询师的帮助下，女孩详细地梳理了自己每次约会的经历，终于发现了问题所在：她对每一次约会都非常重视，认为任何一方面只要稍微出一点问题就会造成不可挽回的后果。于是，每次赴约时她都如同上战场——事前精心准备，生怕有一点纰漏——约会时紧张地反复思考自己哪里做得有什么不好，怎样才能不让对方注意到自己任何一点不完美的小细节。

这样做的后果就是，一旦她因为在想象中过分放大对方的关注度，就会不可避免地精神紧张，并费心尽力地表现自己最好的一面，而一旦稍有松懈，就会绝望地认为对方必然注意到并记住了自己不完美的地方。这样，在女孩眼中，哪怕是纸巾掉落这种不能算作错误的小小插曲，其“不良”影响也因为女孩下意识的“聚光灯效应”（加上随之而来的紧张感）而被强化甚至臆造出来了。

聚光灯效应为什么会出现呢？通常来说，我们无法超越自己的视角和个体经验看待一切事物，而是习惯于从自己的角度看问题，认为自己比别人更重要，于是更加关注自己的状态和行为。当然，这对普通人来说其实是很正常的。于是，我们就难以避免地用自己的思维模式去思考别人的反应，并做出符合自己认知的解释。这样一来，我们就会误认为别人的想法和我们自己一样——这就把我们的行为、状态、外貌等方面的重要性放大了，从而产生了不必要的被关注感和紧张感。

我们可以通过这样的认识来避免聚光灯效应的困扰：每个人无论长什么样、穿什么衣服、做什么动作，大多数时候并不比别人更特殊——大家都是一样的。因此，别人当然不会因为你认为自己很特殊就放弃自己的思考模式，或遵循着你的想法得出和你一样的结论，并给你更多的关注。

更何况，在聚光灯效应的影响下，别人也很可能会更加重视他们自己，也认为自己正被“聚光灯”照耀着。就像你一般情况下不会过分关注别人的事情一样，大家也不会更加在意你到底干了什么，倒是有可能在你为自己的某个表现忧心不已的时候同样担忧着，害怕你也注意到了他的“严重”失态呢！

3. 曝光效应：
越是熟悉的，就越有好感

不知道你是不是也跟我一样，不太爱尝试新鲜事物，好多年没有交到新朋友，也不太会去追新出的剧集、动漫，只喜欢守着自己熟悉的那些东西过一辈子。其实，这并不一定代表你已经“老了”，而是“曝光效应”在起作用。

曝光效应也叫作多看效应，或（简单）暴露效应。顾名思义，就是指人们会单纯因为自己频繁接触、多熟悉某个事物而对其产生更加积极感受的效应。

例如，如果我们去超市买东西，在几种从未用过的品牌中，大部分人会挑选自己在广告上见得最多的那个；对几个不认识的明星，我们也可能会对更频繁地出现在社交媒体上的那个更熟悉、更有好感，这都是曝光效应在日常生活中的具体呈现。

著名心理学家罗伯特·扎荣茨在20世纪60年代至20世纪90年代进行了一系列有关曝光效应是否存在的实验。

他要求两组完全不懂汉语的被试者在短时间内观看一些他们完全不知道意义的汉字，然后告诉他们这些符号都是形容词，并要求他们评价哪一个有积极含义、哪一个有消极含义。结果显示，受试者们认为自己见到更多的那些符号比见到少的含义更积极。

而在另一个类似的实验中，受试者们要在评价每个符号的含义后描述他们在实验过程中的情绪，那些重复接触特定字符的受试成员的情绪状态要好于未经这种重复实验的人。

接下来，扎荣茨又以不同的频次向受试者们出示一些人像照片，并要求受试者们在看完所有照片后说出自己喜欢哪些。和之前实验结果类似的是，受试者们看到某张照片的次数越多，就越喜欢那张照片。

而在另一个实验中，几个来自不同宿舍的大学女生被选中受试。她们可以在一段规定时间内随意地拿着不同口味的饮料随意串门，品尝别人的饮品，或请别人分享自己的饮品。时间结束后，研究者对这些女生之间的熟悉程度和她们对各种饮料的喜爱程度都进行了关系评估，结果发现：她们见面越多（或者说越是熟悉），就越喜欢彼此的饮料，而非单纯根据饮料的口感来进行评价。

这两个实验都证明——在人际交往过程中，我们越熟悉一个人，就越容易对他（或她）产生一定的好感，或者说更加喜欢他（或她），甚至是爱屋及乌。这样，我们就可以恰当地利用曝光效应，为自己与他人的交往营造良好的印象和氛围。

我的微博关注列表里有一位读书博主，我在关注他的几年中亲眼见证了他的账号是怎样由一个普通用户变成有影响力的“大V”的。

一开始，他并没有很大的名气，但每天都在转发和原创微博的过程中坚持写下自己的想法，并且积极与其他博主互动，随着时间推移，他在微博上频繁活跃，和别的“大V”们熟悉起来，他自己写的内容也经常得到他们的转发与传播。就这样，他的微博出现在了更多人的首页，而他们对他熟悉起来的时候，也开始喜欢他的言论并关注他。现在，这位读书博主的粉丝数量已经超过十万了。

当然，曝光效应也可以应用于其他场合。比如，新入职场的人，不要只知埋头苦干，而是学会多和同事沟通；如果喜欢一个人，也可以线上线下多联系对方，让对方意识到你的存在与频繁出现，说不定就会对你产生好感；再比如说，如果要推销自己的产品，也可以先与客户取得沟通，然后通过多次接触，让对方对你产生熟悉感和好感，进而对你的产品也产生这种印象，这正是销售员们的拿手本领之一。

不过，值得注意的是，尽管好好发挥“多看”效应的作用可能对人际交往带来很大的帮助，但这是建立在一个前提之上的：不要对自己接触的人产生极端恶感。试想，如果有人给你留下了极差的第一印象，那么他和你接触越多，你反而有可能受第一印象根深蒂固的影响而越来越讨厌他。尽管“多看”有助于提升熟悉度，可俗话说“过犹不及”，太过频繁地曝光就未免失于单调了，更可能招致反感。所以，如果我们需要被别人喜欢，要运用曝光效应帮助自己，就要使用得宜，才能避免事倍功半。

4. 近因效应：
离得越近，对事物的印象就越清晰

相信大家在日常生活中都有过这种体验：经过一连串不同科目的考试后，你往往对最后一门的题目和答案印象最清晰；自认对相交多年的友人知之甚多，却会因为最近一次谈话或活动对对方产生迥然不同的深刻印象；发现一个有多年良好声誉的品牌突然出现重大问题，自此“杯弓蛇影”，闻此品牌而色变，再不愿意对这个品牌投注信任……

这其实都是心理学上的“近因效应”在日常生活中的体现。

1957年，美国心理学家亚伯拉罕·卢钦斯在论文中首次提出了近因效应的概念，并以自己此前进行的实验结果对其进行了详细解释。

在实验中，卢钦斯向四组阅读能力与水平相近的受试者分别发放了不同的文字材料，每份材料的主题均为对一名男孩——吉姆——日常生活中表现的描绘，但内容与倾向各有不同。

第一份材料中，男孩吉姆是个活泼开朗、性格外向的人，他很乐于和朋友们结伴上学，和路边商店里的熟人聊天，快活地问候刚认识的女孩。第二份材料中的吉姆则表现出截然相反的行为与性格特征：他总是独自一人回家而非与朋友结伴而行，从不向商店中的熟人和刚结识的女孩搭话，就连在回家的路上也习惯性地选择走在阴影里。

另两份材料由前两份按照不同顺序混合而成，第三份中，关于吉姆外向性格的描写在后；第四份中则是关于吉姆内向性格的描写在后。

在要求受试者对吉姆的形象予以评价时，卢钦斯发现，绝大多数受试者会根据最先获得的信息描述男孩的性格是外向还是内向——这就是心理学中的“首因效应”。然而，这些阅读了“复合材料”的受试者们如果在读了第一段文字后继续进行其他活动——例如做数学题，听历史故事等——则会根据活动后阅读的第二段文字决定自己如何描述吉姆。

于是，从后一个结果中卢钦斯初步提炼出一个概念：在两种或两种以上不同的刺激出现时，后出现的刺激才是人的印象形成的决定性因素——这就是所谓的“近因效应”。

卢钦斯提炼出的概念充分说明了一个问题，让我们用一个例子试加以说明。迈克尔的学习成绩很好，但总是十分粗心，容易在一些细节上出纰漏，所以总是拿不到满分，为此常受家长和老师的批评。有一天，他了解了首因效应与近因效应的内容，于是心生一计——此后，他给父母看自己的作业和考卷时，会把不同学科的混在一起，把错得更少的那些放到最后。这样，父母就会认为他粗心的情况有了改善和进步，批评就减少了。

可是，迈克尔的方法并没有奏效：一段时间后，父母识破了他的伎俩，认为他并没有认真而彻底地改掉粗心的毛病，这令他百思不得其解：不对呀，我分明是按照近因效应的原理去做的。为什么最后首因效应又起作用了呢？难道两种效应是冲突的吗？

近因效应概念提出之后，其与首因效应有否冲突就成了心理学家们关注的话题。而卢钦斯本人认为，若不同刺激连续被人接收，首因效应即起作用，近因效应仅在刺激断续出现时产生。

另一位心理学家怀斯纳（J. Wysner）则认为，一个人认知社会信息时到底受哪种效应影响取决于其价值观念。

还有人指出，一个人在与陌生人交往时，易受首因效应影响；与熟人交往时，则易受近因效应影响。

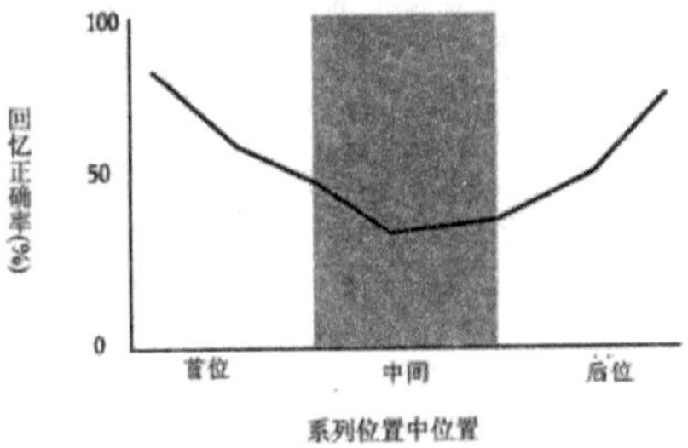

2009年，心理学家道森与梅德勒绘制了自由回忆中的系列位置曲线图（即上图）。曲线图证明，对于一段自由回忆来说，首因效应和近因效应并不相悖，甚至可以同时存在。

目前，心理学家们对曲线的产生机制与两种效应对回忆影响的重要程度仍存在不同解释，但大多数学者比较普遍地认同这样一种联系：在外部刺激频度较稳定的前提下，首因效应与长时记忆有关，近因效应则与短时记忆有关。

回到迈克尔的例子上去，我们或许可以提出一种合理的解释。

父母对儿子抱有的“粗心大意”的印象，是在迈克尔长期无法改正这一问题的情况下产生的；而被作业摆放的顺序影响，且认为这种现象有所改观，是迈克尔改变作业顺序的短短几天内产生的。在这短短的时间内，他们或许受到了近因效应的影响。但是，迈克尔毕竟没有真的彻底改掉这个缺点。于是，长期记忆不断地提醒着父母——在迈克尔身上并没有发生实质性的改变，父母自然就又被首因效应影响，持有原先的观点了。

可见，在生活中应用近因效应就人际关系方面的问题做出尝试，既需要考虑到实际情况，也不能完全忽视首因效应的影响。希望把近因效应当作改变他人印象的“万能药”，期望新印象能完全抹消一切“黑历史”的存在，事实上是不可能的。

第六章

刻板效应：

你所见的世界，

未必就是真实的世界

1. 刻板效应：
只了解概况，容易以偏概全

我们谈到一些历史人物的时候，往往会给他们贴一个标签。比如，诸葛亮聪明，关公仁义，张飞勇猛，曹操奸诈……这种给人打上简单标签，凭借标签认识人的方法，就是心理学中通常所说的“刻板效应”。

刻板效应又称刻板印象，最早是美国著名学者李普曼在传播学名作《公众舆论》中提出的。它指的是人们往往根据旧有的认知判断事物，由此形成的印象就像浇筑在铅板上一样牢固，并且很难改变。李普曼提出刻板印象这个概念后，社会学、心理学、传播学等许多学科的研究者都从这一概念中汲取养分。

李普曼对刻板印象的形成过程有着深刻的阐述：一个人对并非亲身经历的事件所能产生的唯一情感，就是在他内心对那个事件的想象所能激发起来的情感。毫无疑问，在社会生活的层面上，人对环境的调控是通过“虚构”这一媒介进行的——我们所确凿的真相往往只是局部事实的虚构，继而由虚构的想象再去印证虚构所源自的局部，然后更加确定其真实性，从而满足我们亟须的观点。

简言之，多数情况下，我们并不是先理解后定义，而是先定义后理解。

刻板印象的形成有着现实基础：人们所能接受的信息是有限的，特别是随着信息时代的到来，每个人一天中要直接或间接地接受庞大的信息量，但接受能力和信息量之间往往存在不小的差距，这导致了两个结果——

第一，人们直接接触到的信息少于间接从他人处或网络中获取的信息。这样一来，在信息的源头就可能出现问题——不准确的信息源会导致误解。在信息传播过程中，他者的转述也可能会使原有的事实在一定程度上变形走样，从而造成偏见。

第二，人脑会对庞杂的信息进行简化，提炼出其中最具代表性的特征，就像给记忆贴上了标签，这样的标签贴上很容易，再拿下来却很难，刻板印象一经形成就很难改变。

刻板印象在社会生活领域广泛存在，其中，“地域歧视”就是一种典型的代表。人们往往对来自同一地域的群体产生一种笼统的印象：比如南方人都精明能干，北方人都豪爽质朴，山东人只吃煎饼，兰州人顿顿吃拉面，广东人什么都吃……在我们与他人交往时，这种刻板印象往往会造成一些障碍。

究其原因，一是因为人们的精力是有限的，不可能对每一个个体都有所了解，哪怕身边的朋友来自五湖四海，也只能以偏概全，通过有限的观察对某个群体下一个主观定义；再有就是大众传媒对刻板印象的渲染与传播。

仔细回想，你是否读过“xx人极度排外”“xx人骗子多”“xx人都是暴发户”的新闻？为了抢占读者市场，媒体经常采用最能吸引人眼球和最能“撕裂”情绪的标题——提取事件当事人的身份特质，刻意地放大某一地域在人们心中的刻板印象。

这样的新闻操作手法能在激怒一部分人的同时取悦另一部分人——前者讨厌被贴标签，而后者在刻板印象被进一步“验证”时得到满足，而作为矛盾的制造者，背后的媒体则坐收阅读量和点击率。

有关性别的刻板印象同样根深蒂固——人们对男性和女性在行为、性格、职业方面框定了范围，限制了个人选择的多样性，抹杀了个体差异。你会发现，在很多时候，性别刻板印象圈住了人们的个性自由，甚至成为一种在全社会普遍存在的偏见。

比如社会审美要求男人必须有男子汉气概，一旦展现出阴柔美就会被指责为“娘娘腔”；女人必须温婉贤淑，否则就是“不守本分”。其进而衍生出的职业刻板印象也制造了一连串的认识误区，比如，男人不能当护士或幼教老师，女性在职场中需要比男性付出更多的努力才能得到同等的待遇和认可……

再比如，近年来，多起女司机引发交通事故的报道屡见于报端，“司机”一词前面加上“女”的前缀，似乎就成了驾驶技术不好的代名词，这也是一种性别偏见——交管部门提供的数据表明，女性驾驶员严重肇事的概率比男性驾驶员低，文明驾驶程度明显也好于男性驾驶员。

说到底，驾驶技术与驾驶的熟练程度有关，与性别无关，将小概率事件夸大为对整个性别群体的攻击，是戴带着有色眼镜看人的表现。

被性别刻板印象污名化的还有女博士。有人说世界上有三种性别：男、女、女博士，这无疑是一个恶意的玩笑。英国作家赫兹里特说“偏见是无知的产物”，一提到女博士就露出不怀好意的笑容，把女博士与孤僻、单身、古板联系到一起的人，多半对博士这一群体没有任何了解。

能成为博士的人，都是经历了层层筛选进行过严格科研训练的人，他们的创造性思维能力、逻辑能力和心理素质远超一般人。一些人刻意以性别划分博士群体，视女博士为异类，既是对女性的轻蔑，也是对博士的不尊重。

虽然刻板印象有诸多弊端，但几乎是不可能避免的——人的主观性和事物的多面性决定了我们不可能永远保持客观公正。尽管如此，我们仍应该尽量减少刻板印象带来的负面影响：

对接收的信息始终保持警醒，不受标签的左右，具体问题具体分析，形成独立判断。听闻一起事件后、在真相尚未明朗前，不要急着表明态度，等事情的全貌呈现后再进行评价。

打破既定思维，克服刻板印象。避免先入为主的歧视，尊重个体的个性表达。

不要轻易给人下定论。要想全方位地了解某个人或某一群体，不能靠别人的论断，而是应该通过近距离接触。如果带着偏见与人相处，偏见就会循环往复永无休止。

不要以偏概全，以局部代表整体，以个体代表群体，从而做出错误的判断。

2. 首因效应：
第一印象，往往决定成败

时下网络中有一种说法，说爱上一个人的过程是“始于颜值，陷于才华，终于人品。”虽然是调侃，但也恰好切合了心理学上所说的“首因效应”。

首因效应是美国心理学家洛钦斯首先提出的用以描述第一印象作用的概念，指的是最初获得的信息远比后来获得的信息对人的影响大得多——首因效应通常产生于不熟悉的人之间。

与之相对的是近因效应。在人际交往中，如果印象的形成主要是由后来接触的信息决定的，这就是近因效应——近因效应主要出现在熟悉的人之间。

实验心理学研究发现，与一个人初次会面，在短短45秒内就能产生第一印象，这一印象鲜明而牢固，在很大程度上决定了认知效果，并对最终印象的形成起着主导作用。在社会生活中，人们很多时候会以第一印象为基础进行交往，很容易忽略交往对象身上与第一印象相悖的特征，进而得到自我验证，反过来又确认和强化了认识主体对交往对象所形成的第一印象。

是以，首因效应在很多时候能够决定成败。职场面试时，给面试官的第一印象能够决定你的去留；与新客户见面，你的言谈举止在很大程度上决定了工作项目能否顺利进行；相亲时，第一眼的好恶就注定了一对男女能否开启一段恋情。

无数一见钟情的例子印证着首因效应的存在，其中最让人动容的莫过于名著《傲慢与偏见》中的描写：达西与伊丽莎白初次相识时两人便互相有了好感，但一个表现得十分傲慢，一个始终心存偏见，历经几番坎坷后，两人才打破成见终成眷属。试想，如果不是首因效应的存在，两个人肯定不会走到一起。

不过，首因效应也有其弊端：

其一，第一印象有时是不准确的，以貌取人可能会干扰判断，致使第一印象与实际情况存在偏差，引发不必要的误会。于个人而言，人际关系会受到影响，你或许会因为先入为主的偏见失去一名日后的挚友。美剧《权力的游戏》中的“小恶魔”提里昂·兰尼斯特是一个侏儒，长得也十分丑怪，因此他的父亲一直很不喜欢他。但是他的聪明才智却是兰尼斯特家族不可或缺的，最后他的父亲也因为轻视他而死在其手上。

其二，首因效应容易形成思维定式。每个人都是发展变化的，士别三日就当刮目相看，谁也不愿意总是被以旧日的眼光看待。换位思考一下，假如你是个职场新人，虽经验不足，但虚心好学。入职一年以后，你已经能够胜任本职工作，遇到棘手的情况时也能不急不躁地圆满解决，但是你的领导并未看到你的进步，他眼里的你依然是当初青涩笨拙的样子，对你的努力始终视而不见。那么，你的工作积极性势必受到打击。

其三，有人借首因效应营造出虚幻的第一印象，给弄虚作假提供空间。康奈尔大学的一项研究发现，企业里的HR其实可能并不会认真翻阅每一名求职者的简历和档案，而是在简短的面试当中利用第一印象来对候选者进行筛选。

在交际时，我们要善用首因效应，采取最恰当的策略。

首先，注意自己的仪表整洁，举止得当。外在形象是一个人的名片，比纸质的名片更有说服力。干净利落的仪表可以提升你的印象分，赢得他人的信任和好感。

准备开场白。人们用语言表达思想、沟通信息，一段诚恳真挚的开场白可以帮助你迅速打开局面，留给对方良好的印象。

第一印象并非不可改变。如果在第一次会面中表现得不尽人意，也可以后续弥补，在接下来的交往中展现自己的能力，推动首因效应向近因效应转化。

与此同时，在亲密关系的建立过程中，不要过分依赖第一印象发展一段恋情或是结交一个朋友，不要以貌取人，应该从性格、能力、品行等各个方面加以衡量。

3. 晕轮效应：一旦沉迷，就会选择性忽略

出于营销目的，很多明星经常在镜头前营造出一种美好的人格——这被称为人物设定，简称“人设”。明星人设可以是演技专业，可以是性格直爽，也可以是款款深情。人设的打造有利于吸引更多的关注和支持，而这实际上利用的是心理学上的“晕轮效应”。

晕轮效应又称光环效应，是美国著名心理学家爱德华·桑戴克于20世纪20年代首次提出的。晕轮是太阳周围有时会出现的一种光圈，远远看上去，太阳好像扩大了许多，以此命名的晕轮效应是指对他人进行评价时，一个人的某种特质会被无限放大，而其他特质则被遮盖，隐没到光圈后面。

晕轮效应的形成过程时常是自然而然的。我们认识事物时，习惯于“管中窥豹”，即倾向于把具有不同属性、不同部分的对象认知为一个统一的整体，而非对认知对象的个别属性孤立地进行感知。所以，晕轮效应的表现是以偏概全。

当我们在主观上认同某种事实的时候，就会出现循环验证——我们会搜索更多的信息来支持这一事实，而对于那些可能推翻我们既有认知

的信息，则会选择忽略。

晕轮效应在很多女性的身上表现得尤为突出。俄国作家普希金为“俄罗斯第一美人”娜坦丽着迷，虽然美人光环下的娜坦丽并不懂得理解和欣赏普希金的事业，普希金却不以为意，依旧被她迷得神魂颠倒，甚至为此丢下创作，弄得债台高筑，最后还为她决斗而死。

19世纪的俄国如此，21世纪的中国也是如此。在娱乐经济方兴未艾的当下，娱乐业产业链正在形成，流量明星有着大量拥趸，无数人为聚光灯下明星的脸庞着迷。在明星–粉丝二元关系模式中，明星通过宣传优势占据着主导地位，他们利用晕轮效应倾力在观众印象里预设美好的形象，并不断维持这种人设，将优点扩大化。

一方面，这是一种示范效应，明星们在各种场合表现出真诚友善、感情专一、敬业认真等品质，令粉丝们群起点赞和仿效。但是另一方面，这也是粉丝狂热的催化剂——明星们身上的瑕疵和缺点被耀眼的光环所掩盖，在粉丝眼里，他们堪称“完美的人类”。你会发现，一些粉丝不允许任何人对自己的偶像进行批评，哪怕是提一些建设性的意见都不可以。比如，你看了某个明星出演的作品，在社交媒体上发表公开评论，指出该明星演技的不足，就会有粉丝蜂拥而来，轻则让你删帖道歉，重则对你进行无休止的讥讽、谩骂和人肉搜索。

明星代言就是商家利用晕轮效应的最佳范例。粉丝对明星产生信赖后，可能会信任他（或她）的一切，此时商家适时地请明星代言自家的产品，就会产生意想不到的效果，带来惊人的经济效益。

但是，光环总有暗淡的时候，接触的时间长久之后，一个人原本的缺陷就会暴露出来，即使是看似完美无缺的明星也一样。所以，晕轮效应也有失效的时候，月亮再皎洁无暇，月晕再朦胧美丽，放大或近距离观察也只能看到无数个环形坑。作家李敖曾与著名影星胡因梦有过一段失败的婚姻，这两人一个是风流才子，一个是一代佳人，他们第一次见面后，李就对胡展开了追求。胡因梦开始犹豫不决，因为她的演艺事业正处于黄金期，后来在母亲的支持下才应允了与李敖的婚事。

自带光环的两人结合后却并不像大家想象的那样琴瑟和谐。

结婚一个星期后，胡因梦说："在我最不安、最不知何去何从时，李敖没能成为我想象中的救赎者。"李敖的幻想也破灭了，他不无刻薄地说："我是个完美主义者，有一天，我无意中推开没有反锁的卫生间的门，见蹲在马桶上的她因为便秘憋得满脸通红，实在太不堪了。"

一旦打破美好的幻想，情人眼里出的便不是西施，而是东施无盐了。生活同一屋檐下，没有一辈子的才子佳人，有的只是琐碎日常和柴米油盐。

一旦人设崩塌，那些公众人物就会失去头顶的光环，摔下神坛。

著名自行车运动员兰斯·阿姆斯特朗在很长一段时间里，都是大众眼里的励志偶像。他在1996年罹患睾丸癌之后，经过治疗后重返赛场，并一鼓作气赢得了环法自行车赛七连冠，堪称自行车运动史上的奇迹。然而2012年，他被美国反兴奋剂机构查出长期服用兴奋剂禁药，最终被剥夺了所有获得的荣誉，身败名裂。

当然，在事件初期，晕轮效应使人们刻意忽略掉对自己惯有的认知不利的观点。于是我们看到，当明星一开始曝出绯闻时，网络上的粉丝言论就会分为两派，一边坚持认为自己的偶像白玉无瑕，没有丝毫缺点，所谓的爆料都是污蔑和抹黑——这是深受晕轮效应影响者；另一部分粉丝则处于观望态度，事件明朗后还会“脱粉”或“粉转黑”。

晕轮效应提示我们，在生活中保持清醒，理性地看待一个人的优缺点，减少晕轮效应的影响，也要避免首因效应和刻板印象。另外，追星时要保持理智，一些明星的确在某个方面有着突出的才能，但他们并非完人，我们可以将明星的优点视为前进的动力或生活的调剂，但切莫耽溺于此。

4. 灰姑娘效应：
所谓偏见，其实是人性的博弈

童话《灰姑娘》中的一幕经典场景——在午夜清冽的月光下与王子跳一曲华尔兹——这可能是万千少女的绮梦。但是，别忘了，即使是在甜蜜的童话里，灰姑娘也有一个不幸的童年——灰姑娘的继母对她百般虐待，对自己的两个女儿却宠爱有加，而在现实生活中，继父母虐待继子女的新闻更是不少见。这种现象其实是有心理学依据的。

英国伦敦经济学院的进化心理学家金泽智认为，从进化的角度来看，人类繁衍的目的在于种族的延续，父母对孩子的爱来源于孩子能够传递自己的基因。顺着这个逻辑，由于继父母子女之间没有亲缘关系，不管继子女多么优秀，继父母都会对他们产生偏见——这可能是被刻进基因里的偏见。进化心理学派由此把这种现象进行引申和提炼，将毫无缘由的歧视和偏见称为“灰姑娘效应”。

灰姑娘效应的形成是无意识的。有一句烂大街的话叫“没有无缘无故的爱，也没有无缘无故的恨”。但是，很少有人知道下半句：“自然界也是如此，人的审美取向多半来自大自然的精密安排。”这或可作为灰姑娘效应的注解，人的好恶多半是天生的，你喜欢谁或不喜欢谁是大自然的精密安排，是一种先验式的判断。

我们可以从社会学角度对灰姑娘效应进行进一步的解释，社会心理学家泰弗尔证明，人天生就有社会分类的属性，只要划分出一条群体界线，人们就会不由自主地加强内部的团结，来抗拒外在团体——很多时候人们会对他人产生偏见，是因为他们把那些人划到线外去了。

有这样一个有趣的心理实验可以佐证偏见是多么容易形成：实验者随机抽取数量相等的男生和女生，让他们进行电话交谈。在通话前，一半的男生被告知他们的聊天对象是胖女孩，而另一半男生则观看了聊天对象正常体重的照片。结果显示，当交谈对象被预设为胖女孩时，男生表现出来的热情和愉悦度都很低；当和正常体重的女生通话时，男生们更活跃。在通话时长上，后者的平均通话时长较前者要长很多。

实验结果可以说是意料之外，又在情理之中。参加实验的男生和女生此前素未谋面，通话时也只通过声音交流，却仅仅因为一个非常简单的心理暗示就形成了对电话另一端的陌生人的判断，人的心理活动之微妙可见一斑。

这一实验同时证明了偏见是恶性循环的，一方面男性的固有印象影响了他们对谈话对象的评价；另一方面，男性的这些行为作用到对方身上，又令所谓的肥胖对象做出相应不太好的反应，从而又加深了男性的固有印象。就像一个天平，一开始，偏见的砝码使其稍有倾斜，接着倾斜角度越来越大，直到难以逆转。

种族歧视就是灰姑娘效应的表现。动画电影《疯狂动物城》讲述了兔子警官朱迪在狐狸尼克的帮助下侦破一桩神秘案件的故事。影片的名字直译过来是“动物乌托邦”。故事发生在一个所有哺乳类动物共生共存的世界中，看似一派和谐，却暗藏矛盾——主角们都是动物，却是对人类社会的绝妙隐喻。影片中的动物们都因为自己的族群特性而被轻而易举地打上了标签——人们印象里，兔子一向胆小，所以主角朱迪成为警官后处处受到质疑。狐狸尼克本性善良，但是人们认为狐狸天生是狡猾的，不肯信任它，然后它真的成了一个骗子——这真有点欧·亨利小说式的无奈——当狐狸做好事时，大家总觉得它没安好心，背后一定有阴谋；当狐狸骗人时，大家觉得这才是理所当然的。

其实，这部电影通篇都带有灰姑娘效应的影子，片中普遍存在的偏见都是源于动物之间的族群差异，而电影做得最好的一点就是彻底颠覆了灰姑娘效应，改变了观众的刻板印象，给人以出其不意的效果。而最具反转效果的当属神秘案件的幕后黑手：一只连咩咩叫都不敢大声的羊。

能照进生活的文艺作品都是优秀的作品，影片呈现出的巨大反差引人深思，让我们不禁回想是否曾对他人产生过连自己都不知从何而来的偏见，是否有过这样那样的歧视，是否在欠缺实证调查的情况下揣测过别人。

著名哲学家罗素说过：“不管我们属于世界上哪个国家，我们大家总是认为自己的民族比所有其他民族都优越。既然每个民族都有自己特有的长处和短处，我们就把自己的价值标准加以调整，以便证明自己民族的长处乃是真正重要的长处，而其缺点相对来说则微不足道。”

不妨试试换位思考来缓解灰姑娘效应带来的影响，站在对方的观点思考问题，可以让人的思想不那么僵化，从而提升接纳程度，减少偏见的产生。

第七章

超限效应：

留意你的言行，
即使是善行也当适度

1. 超限效应：
刺激过度，反而会引发逆反

有一次，美国著名作家马克·吐温在教堂聆听牧师演讲。起初，他觉得牧师的演讲十分生动，于是他下定决心在演讲结束后为教堂捐款。

过了十分钟，牧师的演讲还没有结束，他有些觉得不耐烦了，心中生出厌恶，决定捐一些零钱就好了。时间又过去了十分钟，牧师依旧还在侃侃而谈，看样子完全没有结束的迹象。于是，马克·吐温决定一分钱也不捐了。又过了一段漫长的时间，牧师终于结束了演讲开始募捐时，马克·吐温出于气愤，一分钱都没有捐。不仅如此，他还从捐款的盘子里“顺走了”两元钱。

这种由于刺激过度或作用时间过久而引起逆反心理的现象，在心理学中被称为“超限效应”。

其实这个道理在某种程度上等同于中国的一句古语——“过犹不及”——事情做得过头，结果就如同做得不够一样，都不能完成预期。

超限效应强调的是人们内心的“度”，当人们内心的感受阈限到达了一个峰值，就会必然地走向反方向，呈现物极必反的趋势。有鉴于此，很多学者根据人们面对同一大众现象所呈现出的“度”进行了规律性的总结。比如，当你做一场报告，最好在三分钟之内抓住观众的注意力，迅速切入主题，否则便很容易失去观众的关注。

同理的还有，当你创作一部悬疑小说时，一定的推理细节是必要的，但切忌不要太低估读者的智商。适当的说明能够使读者更加清晰地看出故事的脉络，感受到主角的睿智和强大，而过多的说明就会令人觉得情节冗余累赘，进而产生厌恶感。

生活中也不乏这样的实例，如选秀节目一度火爆的时候，曾经兴起过一阵“卖惨风”，许多参赛选手在比赛中想尽办法地展示自己如何的不幸，家人遭遇了何种不幸……这种现象起初博得了观众和评审的一致同情，赚足了感性受众的眼泪，然而，却不曾想因此在选秀界甚至是社会上刮起了一场“卖惨风”，有时让观众感觉歌唱比赛考察的已经不再是选手的唱功，而是“凄惨度”。

这种模糊主题的方式曾经一度很是受用，甚至有人开始编造自己“悲惨的身世”来博得同情。久而久之，受众产生了审美疲劳与怀疑，开始正视这一现象的出现，进而开始抨击、抵制它。一些“卖惨”的选手也因此相继被受众的抵触情绪抵制淘汰，甚至影响到了节目的收视率。

说到底，这不过是节目组没有对“超限效应”有足够的认识，一味灌输“博同情方针”，而忽略了受众终究还是希望“人世间充满爱和正能量”。

假设你正坐在某一个餐厅，一名残障人士前来兜售手工制品，每件要10元。你决定买一件来帮助他。可是，你翻遍了所有口袋只有40元现金，你桌上的咖啡要32元，你只能给他8元，并表示你的咖啡还没付过钱。但他仍旧只是指了指定价，你虽然心中不舒服，但还是提出能否用微信支付。他还是摇头，仍旧指着定价10元。你终于心生不悦，摆手说不买了。因为你对于残障人士原本的同情心，已经在他的反复要求下消散了。

再比如，有一些家长经常以说教代替教育，当孩子考试没有考好、作业没有做完的时候，家长们就会对着孩子说个不停，说自己多辛苦地为孩子创造了多少好的条件，还会拿邻家的孩子多么努力学习来做类比；有的父母在情急之下甚至会打骂孩子。但是，要知道，孩子的承受能力是有限的，超过一定限度的说教和打骂往往会适得其反，让孩子承受过大的心理压力，最后产生厌学心理，导致学习成绩继续下降。

“超限效应”告诉我们，凡事切忌自我中心，以自己为出发点去思考问题，是无法真正与人建立良好沟通的。在沟通的过程中，要注意“适度”的重要性。凡事只有适度才能达成预期效果，否则往往是过犹不及。

在与人交往的过程中，要学会换位思考，才能更好地察觉到对方的底线在何处。最后，要选择合适的方式方法，在不引起他人反感的状态下推进事情的发展，才能最终达成双赢的目的。

2.互惠定律：
有所给予，才会有所获得

心理学家曾做过这样一个实验，邀请一个实验对象参加“艺术鉴赏”活动——同另一个实验对象一起为活动中展示的油画打分。而事实上，所谓的“另一个实验对象”是实验组织者的助手Joe假扮的。为了达到实验目的，实验分为两种情况进行；

第一种情况中，Joe与那个真正的实验对象进行积极的互动，并在交流过程中主动给予实验对象一个小小的人情：在鉴赏油画的中场休息时间，Joe离开了几分钟，然后带了两瓶可乐回来，一瓶递给了实验对象，另一瓶留给了自己，并对实验对象说：“我问他们（实验的主持者）能不能买瓶可乐回来，他们说没问题，所以我也给你带了一瓶。”实验对象表示感谢，并接过可乐。

而另一种情况下，Joe与实验对象仍旧积极地交流，但没有给他任何的小恩小惠。

在整个为油画鉴赏打分活动结束以后，实验主持者整理资料离开了房间。房间内只剩下Joe和实验对象两个人。这时，Joe向实验对象提出能否帮他一个忙，他说自己在卖彩票，如果他彩票卖得最多，就能得到50块钱的奖金。然后，他请实验对象帮忙买一些两毛五分钱一张的彩票，并说："买几张都行，当然，越多越好。"

其实，这才是实验的真正目的。

比较两种情况下实验对象从Joe那里购买的彩票数量。毫无疑问，那个在第一种情况下接受了Joe的可乐的人更愿意购买彩票，因为他从心里觉得自己欠了乔什么东西。因此，他购买的彩票是另一种未赠予可乐情况下的两倍——这就是互惠定律产生的效果。

所谓"互惠定律"通常被概括为：给予就会被给予，剥夺就会被剥夺，信任就会被信任，怀疑就会被怀疑，爱就会被爱，恨就会被恨。其中所强调的是一种相互之间的关系，且这段关系的起始应由自己开始。

即是说，当你去要求别人时，首先要要求自己。若你在一段关系开始之时总是期待着对方能够先给你什么，你才肯有所付出，那么双方必将无法建立关系。

有一位登山者在荒无人烟、大雪遍布的山路上走了很久，终于遇到了另一个旅行者，二人决定结伴同行。当他们走到半路时，看到一个老人倒在雪地上。此时暴雪纷飞，天气极寒，如果他们对老人置之不理，那么，毫无疑问，老人会被大雪掩埋，冻死在冰天雪地里。登山者提出："我们带他一起走吧，拜托了，先生。"旅行者听到男人的提议，很生气地说："这种恶劣的气候，照顾自己都难，还顾得了谁呀！"说完便独自离去了。

登山者不忍心扔下老人，只好背起老人继续独自往前走。由于长时间的负重前行，男子全身被汗水浸湿，这股热气也温暖了老人冻僵的身体，使他慢慢恢复了知觉。就这样，一路上，两人将彼此当成暖炉相互取暖，共同抵抗寒冷的天气。

当他们最终走到一个村庄路口时，二人十分兴奋。这时，他们却看见村口聚集了一大群人。登山者往人群探头看去，原来是有个男人僵硬地倒卧在雪地上。而当他定睛细看时，却发现这个冻死在距离村子咫尺之地的男人，竟然就是当初为了自己活命而先行离开的那个旅行者。

“互惠定律”告诉我们：有付出才有回报，天下没有白得的午餐。再日常生活中，运用好“互惠原则”有利于建立良好的人际关系，树立可靠、明理的个人形象，这些都是“互惠原则”在正向沟通中的应用。

除此之外，我们还应该思考——当别人将“互惠原则”应用到自己身上时——到底该如何应对。

孙大爷退休之后，休闲时间变得越来越充裕，退休金也很丰厚。但因为曾经在单位里担任要职，退下来无事可做的生活时常令他感到内心空虚。无聊时他只能在小区附近四处溜达聊作消遣。每当他遛弯时，常常能够遇见一个遛狗的姑娘。姑娘气质温柔，对待宠物也是十分有耐心，也会记得将狗狗的排泄物收起扔掉。看起来，她是个十分温顺且有着强烈责任心的好姑娘。

这个姑娘看见大爷经常一个人出来遛弯，偶尔也会跟大爷打个招呼，坐下来聊聊天。久而久之，两人变得十分熟络，大爷的儿女来探望他的时候，大爷还主动提起过这个姑娘。

姑娘在一家餐饮公司工作，主要担任的是营养搭配师的职务，在跟大爷渐渐熟悉之后，时常给大爷推荐一些健康食谱，偶尔也会送给孙大爷一些新鲜水果之类的礼物。大爷对姑娘的信任日益加深。直到有一天，姑娘在遛狗的时候跟大爷抱怨最近工作的不顺利，说公司最近在推进一批新的营养搭配产品，每个人定下了1000份的硬性销售指标，如今她一个人很难完成。孙大爷一听，便主动要求帮助姑娘购买10份产品，因此消费了数万元。

事后，大爷的儿女仔细地检查了从姑娘处买来的产品——竟是超市随处可见的保健品。由于包装上只有全英文说明，孙大爷当初无法对其进行辨别。而那个姑娘自此也再没出现过。

这明显是一桩诈骗案件，骗子在其中应用的也正是所谓的“互惠定律”——骗子利用大爷对其产生的好感，以多次的帮助和偶尔给予孙大爷小小的好处作为促进，建立起大爷对她的信任，继而以适当的理由发起诈骗行动。而孙大爷对姑娘良好的第一印象导致了较强的信任感，很容易便起了恻隐之心，试图帮她的忙——却未料到这份“动机不纯”的“互惠”关系是十分脆弱的。

其实，日常生活中你能看到很多类似的例子，例如，一些美容院会在街头散发护肤品小样，赠送给路人一次免费的皮肤护理，以此将路人变为潜在客户。当你到店兑现这份优惠时，却通常不能全身而退，势必要办张储值卡才能了事。

“互惠定律”告诉我们，当你对别人有所期待的时候，首先要给别人以期待。要明白有舍才会有得，有付出才会有回报。同样，它也告诉我们，应该警惕那些无缘无故出现的“施恩者”，他们也可能是将你引向陷阱的“诱饵”。

3. 登门槛效应：
开端一旦被突破，就会一发不可收拾

20世纪60年代，美国社会心理学家弗里德曼与弗雷瑟做了一个经典实验，实验分两个步骤进行：首先，实验人员前往随机挑选的社区中，请居民们支持“安全委员会”的工作，在一份呼吁安全驾驶的请愿书上签字。由于这是个带有社会公益性，关乎自身安全的事情，能够彰显个人责任心又的确对自身有利无害，大部分居民都签了字。

实验的第二步，在几周后，实验人员再次登门，向居民们询问是否能够在他们的前院竖一块不太美观的写有“谨慎驾驶”字样的警示牌。

实验结果表明，先前在请愿书上签过名的55%以上的居民都接受了这个要求，而没有签过名的居民中只有不足17%的人接受了这一要求。这个实验，使得心理学家们总结出了“登门槛效应”的存在。

登门槛效应指的是：通常情况下，人们不会一次性接受难度较高的要求，因为这样会消耗他们过多的时间和精力。相反，对于那些易于完成的有利无害的小要求，他们总是乐于接受。而一旦他们接受了这种“小要求”，为了避免认知上的不协调，也为了留给他人前后一致的好印象，他们就可能会接受更大更难的要求。

一则流传很广的小故事，很好地阐释了这个效应的内涵。

有个小和尚拜师学习武艺，师父并没有立刻传授他什么功法，而是交给他一群小猪，让他照管放牧。寺庙前面有一条小河，每天早上，小和尚都要抱着一头头小猪跳过河，傍晚在抱着一头头小猪跳回来。小和尚心中本有埋怨，但却慢慢发觉，在日复一日抱小猪过河的过程中，他渐渐练就了超凡的臂力和卓越的轻功。

原来，小猪每天都在长大，每天都比昨天更重一些，逐渐增重的“负重练习”使得小和尚的基本功也在不断地增长。他这才明白师父的用意——老和尚用开始时不起眼的“抱猪过河”的方式，利用小猪会不断长大的事实不露痕迹地进行了增重训练，同时逐渐增大小和尚的训练难度——这也正是登门槛效应的有效应用。

20世纪80年代，百事可乐品牌进驻中国，宣称要成为“全世界顾客较喜欢的可乐”，彼时，可口可乐正在全球饮料市场如日中天。为了迅速打开市场，抢占制高点，初创的上海百事可乐公司果断采用直销模式，招聘大量销售人员，组成了一支数量庞大的百事销售队伍。

通常情况下，这样的贸贸然的上门推销是会受到大部分人拒绝的，而百事可乐的推销员却从不气馁，只是告诉人们——我并不要求进门，只要在你家门槛处站一站。于是，上海的里弄间出现了这样一幅景象，成百上千的百事可乐推销员不断往来穿梭，出现在各家各户的门口。渐渐地，这一幕成为上海市民眼中习以为常的景象。

他们敬业且礼貌的作风，汗流浃背地坐在家门槛上休息的背影，触动了很多居民的心，使得原本没有购买欲望的市民们抱着试试看的想法，主动要求买一罐百事可乐来尝尝。由此，推销员顺利走进了各家各户的客厅。

初步打开销路后，上海百事可乐又开始为客户提供送货上门服务，真正奉客户为“上帝”，不多时便牢牢占据了上海乃至广州、深圳，甚至全中国市场近一半的销售量。就这样，一开始不被可口可乐重视的百事可乐，运用“登门槛效应”最终站稳了脚跟。

说到底，“登门槛效应”所强调的正是一个循序渐进的过程，这种由量变到质变的过程在生活中其实随处可见。比如，一个男孩想要追求一个女孩，想让她成为自己一生的伴侣。那么，他一定不会上来就进行求婚，否则一定会被女孩觉得是神经病，就此敬而远之。通常，他们都会先与女孩搭讪，熟悉之后再约出去一起吃饭。当二人相处到一定程度时，才适时提出进一步发展的要求。

在教育行业更是如此，若是老师想要让一个平常总得60分的学生拿到100分，一定不能够直接为他制定这样的学习方案，否则一定会遭到学生从心底的怀疑与否定：“就我这种好不容易才到及格线的水平，想考100分简直是痴人说梦！”

可智慧的老师通常会告诉学生;“这次你能够及格很好，我觉得你还有潜力，下一次我们可以先往70分努力。”如此，循序渐进地设立可实现的目标，最终才能使得学生充满信心地朝着100分前进。家长教育孩子也是同理。

若是这样看来，其实，在我们很小的时候就曾经对父母应用过这种办法了——这也算是一种富于童趣的“小伎俩”。当我们看中一整套玩具时，一定不能直接开口要整套，而是从其中一个入手。接着，以一次考试成绩或者是艺术比赛为契机，与父母约定如果自己取得好成绩，就可以得到一个小礼物。而父母通常会答应这种“合情合理”的要求。在买了一个之后，父母和子女就开始了一个又一个的玩偶集齐游戏。最终，对这一游戏也产生兴趣的妈妈很可能帮你把它们都买了下来。

登门槛效应又被称为“得寸进尺效应”，这么说来恐怕不太好听，但事实的确如此。

《伊索寓言》中曾有过这样一则故事：一个风雨交加的夜晚，一名乞丐到富人家讨饭。仆人想将其驱赶走，乞丐说：“我太冷了，只想在你们的火炉上烤干衣服就行了。”仆人想，这并不是个过分的要求，自己也并没有任何损失，于是就同意了。

乞丐把衣服烘干后，便对厨娘说：“我可以借用一下你们的锅吗？我只想用锅煮一点儿石头汤。”厨娘对石头汤十分好奇，想要看看他如何煮出石头汤来，便爽快地答应了。

于是乞丐到路上捡了块石头洗净后放进锅里。他又对厨娘说：“我总得放点盐吧。”厨娘再一次答应了他的要求。于是，在他一次次的要求下，厨娘先后给了他豌豆、薄荷和香菜，接着又把碎肉末放进了汤里。最后，这个聪明的乞丐把石头从锅中捞出来，美美地喝了一锅肉汤。

登门槛效应告诉我们，当你想要提出某一要求时，切忌急躁，先设定好阶段性的目标，认认真真地循序渐进，才有可能获得成功。而当别人向你提出某种请求时，要谨慎地思考在看似微不足道的请求背后，是否存在更大的风险。

4. 南风效应：
看问题的角度，决定解决问题的思路

法国古典文学代表作家，著名寓言诗人拉·封丹曾写过这样一则故事：

北风一直认为自己很厉害，直到有一天遇到了南风。北风决意与南风一较高下，比比看谁的威力更大，能够让行人把身上的大衣脱掉。北风首先出场，四周顿时寒风凛凛、冰冷刺骨，行人为了抵御北风的侵袭，纷纷将大衣裹得更紧了。而南风微微一笑，徐徐吹起和风，天地间顿时风和日丽，温暖宜人，行人顿觉浑身舒畅，甚至开始出汗，于是解开纽扣脱掉了外套。结果，南风获得了最终的胜利。

拉·封丹的这则寓言，后来被延伸成为社会心理学的一个概念，是为“南风效应”，又称“南风法则”或“温暖法则”。

在这个故事里，虽然北风与南风的目标是一致的，但达成目标的方法不同，结果便大不相同。北风运用强硬的方式试图吹掉行人的外套，最终却适得其反。而南风运用温柔和缓的方式，让行人从内心认同脱掉外套的行为，从而达成了目的。“南风效应”所表达的是，凡事都要讲究方式与方法，循序渐进的柔和攻势有时更容易生效。

一位严厉的父亲曾经几次三番教育家中两个顽劣的儿子，要多读书，不要太贪玩。然而，结果却总是不尽如人意。于是，父亲决定换一种方式。每当两个儿子在院子里玩得十分开心以至于完全无心学习的时候，父亲就躲到一个他们能看见角落里面偷偷读书。

两个儿子发现了他的反常举动，就询问父亲在读什么。父亲不答，还神神秘秘地将书假意藏起来。两个儿子心中生出好奇，觉得父亲一定是有什么好书不愿意给他们分享，才瞒着他们俩看。在强烈的好奇心的促使下，两个孩子在父亲不在的时候，将书偷偷拿出来细细阅读。久而久之竟养成了爱读书的好习惯。

当说服教育或是体罚教育等等强硬的方式，都无法形成效果时，这位父亲选择了更加潜移默化的方式，利用孩子的好奇心理，引导他们从内心里认同自己所做的事情，从而不露声色地教育了孩子。这位睿智的父亲，其实我们也并不陌生——他正是北宋著名文学家苏洵。而这两个顽劣的儿子，正是后来与父亲同样位列“唐宋八大家”的苏辙与苏轼。

许多人认为南风效应在教育孩子方面，发挥着最重要的作用。其实，在日常生活中，在我们没有意识到的时候，南风效应也偷偷地渗透于其中。

一位母亲带着5岁的女儿上了一辆公交车，站在一个年轻小伙子的座位前。小伙子为了不给这对母女让座，假装自己正在睡觉。而童言无忌的小姑娘却在这时开口问妈妈：“妈妈，为什么这位叔叔不给我们让座呢？”随即，周围人的目光随着小姑娘的声音都集中到了车厢的这个角落。

装睡的小伙子顿时内心十分忐忑，生怕这位母亲或是旁边的什么人戳穿自己，进而失去颜面。而母亲却只是温柔地摸了摸女儿的头，轻声说："叔叔只是太累了才睡着了，等叔叔睡醒了，当然乐于帮助你啦，你是这么可爱的宝宝呢！"周遭人听到后，纷纷对母亲露出了赞赏的表情。而那位装睡的小伙子也在快到下一站的时候装作刚刚醒来的样子为小姑娘让了座位。小姑娘甜甜地对他说："谢谢叔叔，叔叔辛苦了。"而小伙子却转头朝这位母亲投去感谢的目光。

我们经常会在公共交通工具上遇到这样的情况，但大多数没有这么美好。这位母亲可能选择直接将小伙子叫醒，哪怕她不这么做，周遭的人也有可能会代替她们母女发出这样的声音。如此，小伙子将会在公众场合颜面尽失，进而激发他内心的反感，出现激烈的抵触行为——公共纠纷大多是从这种情况下开始的。

然而，这位母亲柔和的化解方式既保全了小伙子的颜面，又为尚且年幼的孩子描绘了一幅充满善意的画面。小伙子在面对小女孩天真的眼神时，也一定会愿意表现出所有的善意。整件事情便由随时可能爆发的争执，转化成了和风般的温暖。

当你面对一件事情及事件中的人时，你的态度决定着对方的态度，进而决定着事情最终的结果。虽然，有时强硬的高压政策是能够促成事情的发展，但最终所得的结果很可能无法达到皆大欢喜。

伟大的思想家老子在《道德经》中提出："太上，不知有之；其次，亲之誉之；其次，畏之；其次，侮之。"意思是说，最伟大的君主在行使统治权时，人民不知道他的存在；平庸的君主在行使统治权时，人民爱戴他、赞美他；糟糕的君主在行使统治权时，人民惧怕他；最糟糕的君主在行使统治权时，人民辱骂他。

这一点化用在人际交往中也一样成立。最好的交往模式是细致入微，润物无声的。其次是充满刻意表现的，再次之是依靠威慑力的，最差的便是强制性的命令或要求。如果你用强硬的姿态要求朋友或下属去帮你做一件事，这件事情可能看起来完成得很好，但你却可能失去这位朋友，而你的下属也会对你心生怨怼，不利于日后的工作。

南风效应给我们的提示主要有两方面：首先在为人处世、与人交往的过程中，应当选择适当的方式、方法来达到事半功倍的效果。第二，在选择适当方式方法的过程中，若能怀柔，则绝不施压。如此，你会发现，很多事情都可以轻松地、有策略地加以解决。

5. 霍桑效应：
深度沟通，需要良好的倾听和宣泄

1924年11月，以哈佛大学心理专家梅奥为首的研究小组进驻芝加哥西屋（也译作“威斯汀豪斯”）电气公司的霍桑分厂。他们的初衷是试图通过改善工作条件与环境等外在因素，找到提高劳动生产率的途径。随后，他们选定了继电器车间的六名女工作为观察对象。

在七个阶段的实验中，专家不断改变照明强弱、工资水准、休息时间、午餐质量、生产环境等因素，希望能发现这些因素和生产率的关系——这正是传统管理理论所坚持的观点。但是，很遗憾，不管外在因素怎么改变，实验组的生产来效率始终未得到提高。

为了提高工作效率，厂房请来包括心理学家在内的各种专家，在约两年的时间内找来了两万余名工人谈话，耐心听取工人对管理者的意见和抱怨，让他们尽情宣泄自己的情绪。结果，霍桑工厂的工作效率得到了大幅度提高。

前前后后经历了9年的研究，心理专家们最终提出，人始终带有“社会人”的属性，即员工在工作时并不单纯追求经济收入，他们还有社会方面和心理方面的需求。因此，必须首先从社会心理方面来鼓励工人提高劳动生产率。这种奇妙的现象因此被称作“霍桑效应”，又称“宣泄效应”。

简单来说，霍桑效应所强调的是人们心理层面的转变所带来的结果，当人们在意识到自己正在被关注或者观察的时候，会刻意去改变一些行为或是言语表达模式。与此同时，当人们内心的诉求得以充分表达，就能更好地发现自身的问题，从而以全新的姿态投入工作。

时代的不断发展使得人们的工作压力日益增大，人们奔波在忙碌的工作与紧张的生活当中，情绪的积压时常超出自我想象，直到最终无法承担而爆发时才会得到自己与他人的重视——心理咨询行业的持续升温便是在这种情况下催化的。

心理咨询师需要做的事情与心理医生不同。心理医生所应对的通常是被诊断为重度神经症以上的患者，是需要行医执照拥有处方权的群体。而心理咨询师则需要相应的从业资格证，并受过专业培训，他们从事的是一种倾听求助者内心矛盾的职业，属于健康心理学的范畴。

有时，人们选择向心理咨询师求助，并不是想从心理咨询师那里得到解决问题的办法，而只是试图将自己心中郁结的情绪全部宣泄出来。心理咨询师只需要认真地倾听，帮助其发泄，然后正确地引导求助者自己找到问题的症结和解决问题的方法。由此可见，宣泄在当今社会有多么广泛的应用度。而良好的宣泄，更加需要良好的倾听。

倾听与宣泄往往也是建立一段深度关系的开始。当你因为工作或学习中的某一些烦心事与人向朋友进行倾诉时，时常会有这样的情况。在你激愤难平地倾诉时，总会有某个朋友突然抬起手打断你说：“你先等一下，这个地方我觉得不合理，为什么偏偏他就找了你的麻烦！”此时，你所有的倾诉欲望忽然被硬生生掐断在那里，原本的情绪被突然的“理性问题”打断，变得不知该如何继续。

如果要继续，就需要先解答朋友提出的问题，但你又不知道该如何回答这样的问题。最终的结果就是，既然情绪已经被打断，那就“算了，还是不说这些了”。

从此以后，你再也不想跟这位朋友聊这些事情，而你们之间的关系也不复从前那样亲密。而真正亲密的挚友通常明白你的感受，共情能力更强，他或她会认真倾听你的烦恼，不打断你，直到你宣泄完毕，才提出自己的疑问，并告诉你内心的感受。

很多时候，人们在表达情绪的过程中，并不需要相应的解答——他们清楚地知道自己接下来要怎么做。但知道并不代表内心乐于如此，此时他们需要发泄，只有当情绪平复下来，才能够重新回归理智的状态。

这里的“宣泄”所要达成的效果其实是自我内心的平和，当我们的内心被情绪积压时，很难从中找回理性。并不是这个时期理性就不存在，而是潜在的感性将理性暂时压制了。这是人类在情绪激动时的普遍反应。

比如，一个姑娘总感觉男朋友不够重视自己，总是借口工作太忙而忽略自己，空闲时间也泡在游戏世界中，好像自己在他心中可有可无。

她其实心里也清楚，男朋友白天忙于工作，回家后需要放松。但是，因为闺密今天提及自己的男朋友如何温柔体贴，使得自己变得十分敏感，两相对比，觉得男朋友似乎对自己不够重视。于是，在男友回家后，因为一点小事开始发脾气。这时，如果男友还嘴反驳，那么这场无目的的争吵必定会加剧。反之，如果男友意识到这只是女友情绪上的宣泄，而换个方式，放低姿态直接道歉，可能效果会立竿见影。

你得相信，大多数女朋友都不是不懂事不讲道理，只是你不能在她们发泄情绪时讲道理，反之亦然。

事实上，除了宣泄情绪，霍桑效应还暗含着自我心理改变的另一层意思。

曾经有人做过这样的实验，一所学校的两个班级成绩相当。然而第一个班级的学生被告知，虽然他们在入学考试时没有取得最好的成绩，但老师和学校领导却对他们很有信心，很有希望成为全校的尖子班；而另一个班级并没有听过这样的说法，只是被看作普通班级。

一个学期后，再来看两个班级的成绩，心理学家发现，被认为能成为尖子班的班级学生成绩普遍高于另一个班级。实验表明，当人们被期待、被看好、被关注时，他们就会自动调整自己的行为来迎合他人的期待——这也是霍桑效应所隐含的自我暗示心理在起作用。

第八章

蘑菇效应：

学会和自己友好相处，是一辈子的事情

1. 蘑菇效应：
真正优秀的人，都懂得蛰伏的智慧

许多人不知道，电脑程序员在20世纪70年代可远远不像当今这样受人瞩目。恰恰相反，当时计算机还没有普及家用，大多数人都、不理解电脑的作用，所以对程序员这个职业也都非常忽视，所以电脑程序员们就经常自嘲说自己过的是“像蘑菇一样的生活”。

这是一种什么样的生活呢？就是静静地生长在阴暗角落，没有阳光也没有肥料，处在自生自灭的状态。这些蘑菇只有长到足够高才会被人发觉，但此时它们已经高到可以自主接受光照吸收养分了。这在心理学上叫作“蘑菇效应”

蘑菇效应描述的实际上是职场新人常见的状态。一个新入职场的员工，往往得不到领导重视，只能先做一些琐事杂活，慢慢等待机遇。等到打基础的几年过去以后，他才能够获得优秀的工作能力，渐渐露出头角，最终被领导看中，予以扶植和栽培。但这个时候，他已经足够优秀，不太需要额外的关照了。

浙江百草园公司的董事长谢小丽曾有过这样一段经历。进入某企业的营销员岗位后，她感觉寂寞又无助，因为初入职场，周围的人各司其职，没有人教导自己该做什么、怎么做，甚至都没人关注她。同期与谢小丽一起进入公司的两名大学生很快就难以忍受这样的工作环境，他们决定辞职。谢小丽则咬牙坚持了下来，自学业务知识，努力钻研销售技巧。功夫不负苦心人，到了第二年，她的业绩发生了天翻地覆的变化，年薪飞涨到六位数。又过一年，这个数字再度翻番，甚至连老板都为之侧目。而当初那两个辞职的大学生依旧在重复着找工作–跳槽的循环。

在多次媒体采访中，谢小丽专门感谢过这段经历。确实，她的身上充分体现出了蘑菇效应的积极作用。在这段职场蛰伏期，职场新人能够有机会磨砺自己，借助琐碎杂务适应工作单位的运转方式与人际关系，摆脱学生心态，尽早熟悉职场生活，培养工作技能。只要坚持下来，命运总归不会辜负这些曾经默默无闻的“蘑菇”。

但不少人却认为新入职的那段时光就是浪费生命，年轻人最宝贵的青春就这样无人问津，没有丝毫发挥的余地。或许，他们也曾怀抱梦想与野心步入职场，却被成人世界的残酷竞争兜头泼了一次冷水，冷到让她们轻易放弃——这正是蘑菇效应的负面作用。

的确，刚刚毕业的年轻人还习惯于学校生活，有人告诉你该怎么做，有人注意你、培养你。步入社会后，这种现实落差确实太强烈了。况且，在大城市生存本就艰难，这些年轻人肩上的经济负担很重，他们只想赶紧去努力工作挣钱，哪儿来的耐心甘当“蘑菇”呢？

无独有偶，我一个朋友也曾有过类似的经历。他毕业后最初是在某家大公司工作，收入平平，自称“感觉像个快发霉的螺丝钉”。后来，他就从那家大公司辞职，跳槽去了一个小型工作室。这个工作室正处在创业的起步阶段，业绩蒸蒸日上，人手却不足，恨不得一个人掰成两个人用。我朋友一去，立刻忙得像一个陀螺。不过，他非常喜欢这份新工作，觉得虽然累但很充实。算算时间，他去那里已经三年了，现在已成了该工作室的高管之一。

确实，中小企业由于人数较少，管理结构扁平化，更容易给新人出头的机会，避免蘑菇效应的发生。对于年轻人来说是一条出路。但这类企业毕竟不如大公司有名，企业内部的许多制度也不完善，工资又未必高，只能说是各有利弊，有得有失。

不论年轻人做出什么选择，都要有随时调整心态面对挑战的准备。要知道，勤奋工作，认真拼搏，广泛学习，在任何单位或公司都是获得晋升的不二法则。踏入职场的年轻人既要有做“蘑菇”的心理预期，也不要丢失自己的闯劲儿，要把这段经历当作自己深潜充电的机会，抓住机遇蓄势待发，就一定能迎来属于自己的成功。

对企业领导者来说，蘑菇效应并不是一个忽视人才的借口。相反，领导们应该想方设法把这一效应的不利影响降到最低才行。这就需要他们探索更合理的公司用人制度，保证新员工在获得锻炼的同时感受到“雨露阳光”，避免对他们的工作热情造成打击。只有公司管理者们在制度方面进行创新，才能推动新员工们能更快地脱颖而出，成为推动企业发展的可用之才。

2. 飞轮效应：
越是不想做的，越应该优先去做

俗话说“万事开头难”。相信大家都有这样的经历，语文课布置写一篇作文，最难的就是开头怎么起笔。面对一张白纸，你的头脑也往往跟着变成一片空白。勉强写出来第一句，觉得怎么看都不合适。这时候，老师走了过来，你赶紧用手捂着自己写的那几个字，不愿意被他或她看见。但往后写到一、两百字的时候，你的写作速度渐渐加快了；等过了四百字，你惊奇地发现自己居然文思泉涌，一大堆描写和事例从记忆深处“蹦”出来，甚至笔都快跟不上大脑的想法了。

事实上，这种状况就是典型的“飞轮效应”。美国管理学家吉姆·柯林斯2001年在著作《从优秀到卓越》中首次提出了飞轮效应的概念。这一理论揭示出的是一种初始必须付出巨大努力，但到中后期则会事半功倍的普遍规律。

按照柯林斯的论述，我们可以尝试去想象自己在推动一个巨大的飞轮。最开始的时候，为了使静止的飞轮转动起来，作为推动者，我们必须使很大的力气，而且效果还不好。很可能，我们费了九牛二虎之力只能让飞轮移动一点点。不过，我们的力气没有白费，而是化为势能积攒在了飞轮中。我们坚持推动飞轮，就会惊喜地发现，飞轮转得逐渐变快了。这时候还要继续推，一圈、两圈、三圈……最后达到某一临界点后，飞轮的重力、冲力都会成为推动力的一部分，它越转越快，这时我们就可以轻松了，只需要很轻松地去推，飞轮就会不停地转动。

生活中很多事例都可以印证飞轮效应的存在。比如学骑自行车，最开始的时候，你肯定学得跌跌撞撞，不知道摔多少次跤。骑车时一会要留心方向，一会要抓手刹，还不能忘了蹬腿，根本忙不过来，别提多费劲了。但当骑自行车的记忆进入你的小脑后，你就再也不会觉得骑车吃力——它完全成了一种下意识的行为。你连想都不用想，蹬上车就能跑，而且速度和平稳度比之前强多了——从学自行车到会骑自行车的过程，就是对飞轮效应的完美呈现。

由此拓展开来，一个成功的团队，一个成功的企业同样也遵循着飞轮效应。比如亚马逊公司就是这方面的范例。亚马逊公司是全球著名的电商领军者，但它最主推的业务看起来却都不是什么获利迅速的种类。它们分别是会员服务、第三方卖家平台与云服务。会员服务就是用户交会员费享受优惠，这些会员费很快会被优惠抵消掉；第三方卖家平台就是亚马逊只提供基础设施，其他商家自己做生意，亚马逊给自己引入了一大堆竞争对手，还少挣了钱；云服务则是一套线上数据库，看起来也没什么关系。

随着这三条业务的推广，亚马逊逐渐形成了自己的逻辑和商业链条：会员服务提高客户忠诚度，刺激其消费——第三方卖家出现，用户选择商品范围扩大，会员更加划算，买会员的人数增加——用户更多，第三方卖家更愿意来亚马逊开店，亚马逊的规模也就越来越大，云服务在其中帮助各方更好调配资源、起到推动作用。于是，当这三种业务走上正轨后，飞轮效应开始发挥作用。亚马逊公司顺理成章地越“滚”越大、飞速发展，成为全球首屈一指的互联网巨头。

那么再落回到我们自己身上，飞轮效应对我们有什么启示呢？当今社会，大多数人似乎都患上了“拖延症”，喜欢把麻烦事拖到最后再解决。但麻烦事原本就做起来棘手，再拖得时间紧张，岂不是难上加难。就好比在读研期间，我就有一个重度拖延症的同学，期末有四门课都留了论文要交。她干脆把自己最讨厌那门课拖在最后写，结果偏偏就是那门课要求的字数最多，她又因为讨厌而学得不好，在最后期限那天熬了一个通宵才匆匆忙忙地完成作业。据她称，写到最后已经意识模糊了，都不知道在键盘上敲出来的是什么。这样写出来的论文，其质量可想而知。

所以，越是不想做的，越是要优先去做。例如，写论文要拣最难最讨厌的课题来写，干工作也要选最烦最头痛的项目来干。因为你一旦开了头让事情走上正轨，飞轮效应就会生效，你今后做起事来效率会更快，而且成果也比以往强得多。

3. 短板理论：
最短的那块“木板”，决定你的人生

美国管理学家彼得提出了一个奇妙的理论。他认为，一只木桶盛水的多少，并不是由最长的那块木板决定，而是取决于最短的那块木板。我们所有人也和木桶一样，做得最差的地方决定了我们的人生。因此，这个效应也被形象地称为“短板理论”。

短板理论的内容很好理解：如果我们有一只木板参差不齐的木桶，那么水升到最低的那块木板处就无法再上升了——因为无论加多少水，都会从缺口处流出来。在现实生活中，我们也常常遇到这样的问题。比如，在一个团队中，其成员的素质不可能水准一致，甚至往往良莠不齐。虽然优秀的成员能够给团队很大的帮助，但是，最终成果的展现往往受最差的那个成员影响最大。也就是说，在整体中比较劣势的那一部分，往往决定了这个团体的整体水平。

举一个很简单的例子，我的一个朋友是公办小学的教师。每年，这所小学都会和其他学校联合举行调研考试，并且对所有学校的班级进行排名。每次临近考试，学校领导总是会开会再三强调抓教学质量，争取拿到好的名次。但是，对于老师们来说，这其中有一个很现实的问题，公办小学不能挑选生源，不能划所谓的重点班——这也就意味着，每个班里都有几个成绩“吊车尾”的学生，无论老师费多少力气，他们永远及不了格。

在这种情况下，老师往往面临着两难的选择：要么尽力抓这些吊车尾的“潜能生”，让他们的成绩尽可能更高，这样及格率可能会好看一点，但是这需要花费大量精力，肯定会影响到投注到其他孩子身上的精力，最后也许潜能生能及格了，但其他同学也许都退步了；要么不管那几个及不了格的孩子，尽可能提高其他孩子的分数，提高优秀率，但是一旦那几个垫底的孩子考了特别低的分数，比如个位数，那么整体平均分还是高不了。也就是说，实际上，这个班在调研考试中的表现，是由成绩最差的那部分学生决定的。

综上所述，我们可以推论出：首先，一个木桶如果要装满水，就必须所有木板都一样高。在木板不整齐的木桶里，最高的那块木板再高，对装水量的提升也不会有任何帮助。回到我们刚刚说的例子，一个班级如果想要在联合调研考试中名列前茅，那班上的同学就不能有一个差的，大家必须同样优秀，这样无论是平均分还是优秀率才会好看，因为没有一个人拖后腿。

其次，哪怕组成一个木桶的十块木板里有九块都是一样高，只要有一块不够高度，那这个木桶就不可能装满水。这就是为什么前面所举例子中的班级想要取得好成绩就不能有差生，更不能有不及格甚至是零分的学生，因为任何一个低分都会狠狠拉低平均分，导致这个班级在激烈的竞争中失去竞争力。两个不及格的五十分和一个一百分、一个零分，平均下来都是五十分，即使后者有一个满分，但是因为零分的拖累，这两个队伍的平均分看上去没有任何区别。

团队如此，个人也是如此。我们来想象一个场景：早上，你在一番精心打扮之后出门了，你的头发、衣服、妆容、鞋子都非常精致，却背了一个奇丑无比的包——在这样的情况下，你觉得大家首先看到的是你漂亮的衣服，还是你的丑包？一个丑包夺去了所有的视线，让你的其他准备都打了水漂——包越丑，越是和你其他漂亮的打扮产生对比，更加让人怀疑你的眼光。

把短板理论投射到生活中来看，我们的短处往往决定了我们的人生，这明显打破了我们一直以来所提倡的扬长避短的观点。但是不妨想一想，扬长避短是因为短板可以被规避，允许被规避，如果不能呢？假设有一份这样的工作，要求应聘者的英语水平必须达到专业八级，但是你只过了大学英语四级。这个时候，你跟招聘方说你数学拿过国际奥数比赛一等奖，有任何用处吗？

那么，短板明显的我们就只能自我放弃了吗？并不是，首先，评价一个木桶的标准是能不能盛水，能盛多少水，但是如果你不是木桶，这套标准就不适用于你。在一个木桶中，如果你是最长的那一块，可能根本无法发挥最大的作用，但是如果换到其他的场合，尤其是每块木板都更长更好的场合，你的价值又不一样了。

所以，我们既要正视我们的短板，清楚我们的短板会给我们造成怎样的不利，也不要因为有无法忽视的短板就自暴自弃——也许你的机会并不在此处，而在其他地方。

4. 摩西奶奶效应：
不去挖掘潜力，它就会自行泯灭

我们常常会听到身边的人感叹："我小时候特别喜欢做一件事，可惜当时没机会或者家长不准，现在还是很喜欢，可惜年纪大了学不会了。"甚至，我们自己常常也会产生类似的念头，总是担心或者抱怨起步得太晚，难以在喜欢的领域做出什么成就了。这个时候，我们不妨来听一下这位名叫安娜·玛丽·罗伯逊·摩西的老太太的故事。

人们亲切地称呼她为摩西奶奶。她出生于美国纽约州格林威治村，几乎在农场里待了一辈子，是一个地地道道的农妇。她的一生都在农事里打转，直到73岁那年扭伤了脚不能再下地劳作为止。两年后，因为无聊，她开始学习画画。80岁的时候，经由画商Kallir的介绍，摩西在纽约举办了自己的个人画展，并引起轰动。在那之后，她的作品成了艺术市场上的热卖品，她本人也一炮而红，成了知名的画家。

摩西奶奶说过这样一句话："做你喜欢做的事，上帝会高兴地帮你打开成功之门，哪怕你现在已经八十岁了。"后来，大家就把这种活到老学到老、老有所为的现象称之为"摩西奶奶效应"。从她的身上，我们可以知道，人的潜力确实是无穷的，它不会随着时光流逝而有所消减，哪怕你已经七八十岁了，仍然有机会成才。但如果我们始终不去发掘它，它就会慢慢泯灭。

寓言诗《池子与河流》在世界各地广为流传：贪图安逸的池子在时光的流逝中渐渐淤塞，被青苔和芦苇填满，最后完全枯干，而奔流不息的河水则一直长流不断。在诗的最后有这么一段话：

“才能不利用就会衰退，

它会逐步磨灭。

才能一旦让懒惰支配，

它就一无所为。”

这首诗歌用朴实的话语阐述了一个简单的道理：如果不持续磨炼我们的才能，那么就会像老俗语说的那样“一日不念口生，一日不练手生”，最终一事无成。而在成才的道路上，我们所要对抗的最大的敌人不是年龄，不是艰苦的条件，不是别人，正是自身的懒惰。

随着社会和科技不断发展，好玩的电子产品越来越多，手机的功能也越来越先进，有太多诱惑在等着我们，轻易就夺去了我们的注意力。于是，很多人都患上了一种叫作“拖延症”的毛病。比如，下一周要考试了，你本来应该紧张地努力复习，偏偏还要熬夜刷剧、看小说，直到考前最后一天才意识到自己还一个字都没复习，于是只能一边后悔不已一边熬夜查漏补缺；比如，一些作者明明有充裕的时间慢慢润色一篇稿子，偏偏要拖到要交稿的前一天晚上才动笔；又比如，很多时候公司交代的不太紧急又比较重要的工作，非要拖到变成紧急了才开始做。

毫无疑问，在这样紧赶慢赶的状态下完成的学习或者工作，质量都不会太高，如果我们在“拖延”的状态里待得太久，渐渐地就会失去认真做事的能力，这无疑是懒惰造成的恶果。在长年累月的拖延和敷衍下，我们本有的才能也会渐渐荒废，最后成为一个一无是处的人。

“学如逆水行舟，不进则退”，如果不进行持续的、终身不断地学习，谁也不能保证自己永远能够保持状态。即使是国际闻名的大企业，如果不能保持快速进步，也很难在激烈的商业竞争中永远保持不败。作为日本电器企业的代表，松下电器近年来遭遇了空前的危机，连续巨额亏损让其商誉逐年下滑，甚至被很多发展中国家的家电企业所超越。

长期以来，松下靠着电视、电冰箱和洗衣机等家电产品占据着国际家电王国的霸主地位。但是，进入互联网时代以后，松下长期没有新研发的产品上市，消费者的关注度被其他新崛起的企业所吸引。特别是在互联网的冲击下，松下电视业务利润暴跌，连续数年亏损，目前已经资不抵债——即便是曾经的家电业霸主，也因为保守和不思进取而落后于时代大潮。

摩西奶奶74岁才开始学画画，却成为一名知名的畅销画家；《伤仲永》中的方仲永五岁就展露了自己的文学天赋，最后只能“泯然众人”。两相对比，你可以发现——无论什么时候开始做一件事都不晚，只要你持之以恒的练习，尽全力挖掘自己的潜力。也许，你不会像摩西奶奶那样成功，但你一定能从中得到什么。但是，即使你是一个天才，如果放任自己，任由懒惰支配你的人生，那么也必定一事无成。

种一棵树最好的时间是十年前，其次就是现在，不要抱怨为时已晚——立即行动，无论做什么，现在就是最好的时候。

5. 瓦拉赫效应：
越不刻意强求，越能找到你所擅长的

随着生活水平不断提高，人们对于孩子的教育问题也越来越重视。越来越多的父母一边喊着“不能让孩子输在起跑线上”，一边忙于把孩子送到各种各样的培训班。学钢琴、学绘画、学芭蕾舞、学冰球……样样都不能落下；夏令营、奥数班、博物馆、训练营……处处不能遗漏。不仅要多才多艺全面发展，还要学习名列前茅、擅长沟通演讲……难怪很多人感叹，现在的孩子行程太多，压力太大，真是可怜。

如果孩子自己有兴趣，送他上个培训班倒也无所谓，如果正好这个孩子在兴趣上颇有天赋，那家长就更开心了。但是，更多的却是对各种培训既没有兴趣也没有天赋的孩子，他们一边痛苦地学习，一边承受着“恨铁不成钢”的指责。

父母希望子女能力超群、有一技之长可以理解，老师希望自己的学生优秀、热爱学习也可以理解，但是父母为孩子选的路就一定是正确吗？学习不好、特长也不突出的孩子就一定没有出路了吗？

我们不妨来看这样一个例子——奥托·瓦拉赫。他是德国著名的化学家，奠定了脂环族和波烯化学研究的基础，还是人造香精和合成树脂工业的奠基人，于1910年获得了诺贝尔化学奖。这样一个大科学家，绝对称得上成就卓越了吧？但是，谁能想到，他小的时候也不过是一个成人眼中的“笨孩子”。

瓦拉赫上中学的时候，他的父母为他选择了文学作为主修课，但是瓦拉赫并没有展示任何文学上的天赋，老师甚至评价他不适合学文学。他的父母并未气馁，在询问了他的意见之后，送他去学习油画。

瓦拉赫的油画学习之旅并没有比文学好到哪里去，他根本不会画画，构图、润色、审美能力都非常差劲，常常是班上的倒数第一名。老师直言不讳地说——瓦拉赫是绘画艺术方面的不可造就之材，大家都拿瓦拉赫没有办法。这个时候，一个化学老师看到了瓦拉赫的闪光点，认为他一丝不苟的品质非常适合学化学，在做实验的时候，瓦拉赫的专注能够帮助他做得更好。于是，在私下沟通过之后，瓦拉赫选择了转学化学。这无疑是打开了他新世界的大门，在化学领域，瓦拉赫展示了自己最大的可能性，成了人人仰慕的“高材生”，最终获得了诺贝尔奖。

所以，有时候并不是孩子不够优秀，不够努力，而是他的方向不对，导致南辕北辙。如果这时候老师或者家长能够引导他们找到正确的道路，让他们在自己擅长的领域发光发热，令人刮目相看，那也许会有更多的瓦拉赫产生。

在心理学上，我们把这种看上去平平无奇的人经过发掘之后展示出特殊才能的现象称之为“瓦拉赫效应”——就是源于瓦拉赫本人的经历。这个效应给了我们许多启示，我们可以根据社会角色的不同分开来说。

如果你是一个家长，那么你一定要尊重你的孩子，不能轻易将自己的意志强加在孩子的身上。一开始，瓦拉赫的父母想要他去学文学，如果在发觉瓦拉赫并不适合这一学科的时候，父母仍然坚持逼他学下去，而不是选择尊重他，那么世界上并不会多一个文学家，但必定会失去一个极其优秀的化学家。很多例子表明，父母不能只顾自己的喜好来决定孩子的未来，一定要尊重孩子本人的意见，根据孩子的优势和特长帮他们找到合适的发展方向。

如果你是一个老师，那么你一定要了解你的学生，知道他的长处和短处，因材施教。这样，你才不会错过任何一个天才的诞生。每一个孩子都是不一样的，他们的潜能各不相同，有的在学习上很有天赋，有的在学习上天赋平平，甚至有的在某些学习领域存在障碍。但是，有一点是相同的：没有一个孩子一无所长。有些孩子不擅长读书，但是动手能力很强；有些孩子数学不好，但是文采出众。帮助孩子们找到他们的天赋所在，是老师的重要责任。

如果你就是那个孩子，你一定要知道，每个人都有他的特长和禀赋。如果现在的你没有，那其实只是没有发现或者没有被意识到，并不是你真的一无是处。如果你之前的人生总是失败，做什么事情都感觉困难，也不要害怕，请继续尝试。总有一天，你会找到适合你的领域，那个时候，你也能闪闪发光。

第九章

投射效应：

人际关系是一面镜子，映照的是我们的内心

1. 投射效应：
你的心里有什么，就会看到什么

“投射效应”这一理论是奥地利著名心理学家弗洛伊德最早提出的，是指人们把自己的感情、意志、特性投射到他人身上的心理倾向。简言之，就是“以己度人”。

美国心理学家罗斯对投射效应进行了实验验证。他随机选出80名大学生作为实验对象，询问他们是否愿意背着大牌子在校园里走动。与此同时，罗斯还要求他们预测学生们的回答是“同意参与”或“拒绝参与”。实验结果是，有48名参加者表示同意，并且认为大部分学生都会做出和他们相同的选择；其余那些拒绝背牌子的学生则普遍认为，只有少数学生愿意参与这项活动。

从整体数据来看，同意与拒绝的学生比例相差不大，可以说各占一半。但是，他们做出的推断却截然相反——他们的共同点都是把自己的态度当成了整体的选择。

“投射效应”在文人眼里是一种浪漫，如文学大师王国维所言，“以我观物，物皆着我之色彩。”但是，在心理学家眼里，“投射效应”却是一种比较严重的认知障碍。

“投射效应”的表现形式有：相同投射，愿望投射和情感投射。

相同投射，指的是人们和陌生人交往时，由于相互不熟悉，偏向于自我带入，认为对方的感受和自己相同。

愿望投射，是指人们把自身愿望投射到他人身上，例如，“我喜欢的人好像也喜欢我”，就是一种典型的由愿望投射产生的误解。

而“情人眼里出西施，”则是典型的情感投射——你把赞赏的情感投射到喜欢的人身上，会越看对方越顺眼。反之，你带着厌烦的态度观察讨厌的人，会觉得对方可恶至极。

“投射效应”的弊端主要有三点。

其一，经常会忽略对方是客观存在的。总是从自己的主观视角出发而不是依靠真实情况进行的判断，必定与实际有所偏差，导致知觉失真。如果失真度过大，可能造成无法挽回的后果。因此，精神分析学派将过度投射定义为：个体自我对抗超我时，为减除内心罪恶感所使用的一种防卫方式。

《庄子·秋水》中记载过这样一个典故，很好地诠释了“投射效应”的含义：

惠子在梁国为相，庄子来探望他。惠子唯恐庄子此来是为了取代他。庄子说南方有凤凰，只在梧桐树上栖息，饮甘泉，以竹子为食。然后有一天，猫头鹰得到了一只腐烂的老鼠，正好看到凤凰从头顶飞过，猫头鹰担心凤凰抢走老鼠，便发出警告的叫声。

惠子以权位至上，以为世人都贪恋权势，庄子也同自己一样热衷于争权夺利。殊不知，在庄子的眼里，功名利禄就好比凤凰眼里的腐鼠一般渺小可笑。

其二，在社会交往中，“投射效应”的存在不利于有效沟通。人们将自身的喜好与厌恶强行加诸他人身上，丝毫不考虑对方的感受，不能换位思考，就很容易产生矛盾，阻碍沟通的顺利进行。

在各大网络平台中，“女朋友为什么生气”一类的帖子几乎每隔一段时间就要成为讨论的焦点，问题的答案往往千奇百怪。总的来说，把自己的标准投射到对方身上的做法，从一开始就隔绝了沟通的空间，不利于情感的进一步推进，会在亲密关系中产生误解。

其三，如果不能摆脱“投射效应”影响，不仅不能正确地认识他人，也不能认清自己。能力平庸的职员在公司里不受重用，这看起来很正常，可很少有人能接受平庸，都认为自己已经做得足够好了。假设有这样一位职员，能力一般，但是自我评价良好，并把这种良好推己及人，觉得上司也应该赏识自己，这就形成了一种误判，从而容易心生怨怼，影响工作情绪。

“己所不欲，勿施于人”在人际交往中是必要的，但是以己度人却是不必要的。想要尽量避免“投射效应”的影响，可以从以下两点入手：

首先，应该客观地评价他人，每个人都是独立的个体，认识到差异才能正确对待他人。要知道，你的“习以为常”可能是别人的“闻所未闻”。

其次，敞开心扉，学会沟通，不要总是站在自己的角度思考问题。特别是对于关系亲密的人，更应该及时说出自己心中所想，减少误会。

2. 棘轮效应：
真正的成长，始于摆脱“舒适区”

2018年12月20日，在国家语言资源监测与研究中心主办的“汉语盘点2018”中，“消费降级”入选了年度新词。所谓“消费降级”，是指当代人的生活品质或消费水准变低了，在质量相似时倾向于选择更低价格的商品。

“消费降级”最早是网络语境当中流传的概念，起初的表现是方便面与榨菜销量的上涨。通常认为，方便食品价格低廉，这些品类的销量上涨，意味着人们的消费水平开始下降。

这一结论是否符合客观事实，可以说众说纷纭，并无定论。从心理学研究层面出发，我们可以了解下所谓“消费降级”背后的心理学效应——“棘轮效应”。

棘轮是一种特殊的齿轮，特点是只能向一个方向旋转，而不能倒转。“棘轮效应”又称“制轮作用”，它最初是由经济学家杜森贝利提出的经济学名词，后来拓展到心理学领域，用以形容“人的消费习惯形成之后有不可逆性，即易于向上调整，而难于向下调整。尤其是在短期内消费是不可逆的，其习惯效应较大的现象。”

通俗来说，就是我们常讲的“由俭入奢易，由奢入俭难”。

如果说营造“消费降级”氛围的自媒体是为了贩卖焦虑，那么他们的确成功了，因为一直保持较高水平消费的人，即使实际收入降低，消费水准也很难一下子大幅度降低。而“消费降级”的出现，说明了经济大环境正在面临非同小可的挑战。

或者说，声称“消费降级”的人放大了方便食品销量回升的现象，从这一项经济学指标就得出了“消费降级”的结论，营造出一个经济不景气的氛围。这些消息使人们相信自己的收入降低到了一定程度，并且对未来的上涨失去了信心。由此，人们不得不克服“棘轮效应”，转向低成本的生活。

就好比要想使齿轮逆转，可能要把整个机器拆掉重新组装，这怎能不令人焦虑？

“棘轮效应”并非毫无益处，它能够在一定程度上刺激消费。然而，消费水平的高低不能单凭商品的价格衡量，而应该与收入水平挂钩，人们不用刻意减少消费，在自己的收入能力范围内理性进行消费即可。

“棘轮效应”还可以向更深层次拓展：美国学者诺埃尔·蒂奇把人的知识和技能层次划分为出舒适区、学习区和恐慌区。在舒适区，人的心理处于舒适状态；在学习区，人因为面对海量的知识信息而感到不适；在恐慌区，人的心理感觉会严重不适，甚至可能导致崩溃。

以阅读为例，梭罗在《瓦尔登湖》中说：“真正的阅读不是那种用奢逸麻痹我们、让更高贵的感官一直沉睡的阅读，而是我们必须踮起脚尖、用我们最警觉和清醒的时间去进行的阅读。”阅读的舒适区令人沉醉，令人止步不前，但是总是蜷缩在这个舒适区里，必然不利于新知识的学习和认知思维的提升。

从学习区走向舒适区很容易，按照“棘轮效应”来解释，这是一个向上调整的过程。而走出舒适区非常困难，就像陡然降低消费水平一样使人痛苦。尽管如此，我们还是应该努力对抗“棘轮效应”，勇敢地跳出令人不思进取的“心理舒适区”。

3. 答布效应：
每个人都是生活的主演，也是生活的导演

你知道吗？你每天都在扮演自己。

在法律规范尚未出现之前，人们共同遵守着某种不成文的行为规范，唯有大家都扮演好自己的角色，才能维系社会的基本稳定，历史学家将这种规范统称为“答布”。社会向前发展，“答布”已经为法典所取代，但是，以此命名的社会心理学效应——“答布效应”却一直被沿用下来。

有一句词叫“每个人都是生活的导演。”更准确地说应该是“每个人都是生活的主演。”社会是一个大舞台，每个人都扮演者自己的角色，人们遵从角色规范做出符合社会规范的行为，这就是“答布效应”。

“答布效应”是由人的社会属性决定的。人是社会化的动物，为了适应社会，每个个体通过社会化从自我中外化出一个顺应他人和社会期待的自我。在社会活动和人际交往中，人们会进行有意识地以某种面具化的形象示人。于是就出现了扮演自己的现象。例如，你是一名老师，你每天就要扮演好老师的角色，传道授业教书育人；你是一个医生，就要救死扶伤心怀仁心；演员的选择更多些：如果你是个演员，你可以在

影视作品里体验不同的人生和不同的角色。但要记住一点，务必要演好每一个角色，用精湛的演技感染观众。

然而，不是所有人都能在任何时候扮演好自己的社会角色。人生总是如此——你在后台还没上好底妆，戏就开场了，你匆匆登台，却无法进入角色。

风靡一时的韩国电视剧《请回答1988》中有这样一幕场景：

生活在小巷里的德善一家是首尔市千万个普通家庭之一，德善在家中排行老二，上有姐姐宝拉，下有弟弟余晖。宝拉是首尔大学的高才生，是母亲的骄傲，父亲则更偏爱小儿子，常偷偷带他出来吃冰激凌，只有德善总是被忽略的那个，就连自己的生日也要和姐姐一起过。在生日这天，德善终于爆发了。她哭着说想吃妈妈煎的荷包蛋，但妈妈以为她喜欢吃腌豆子。就像世界上所有的老二一样，她要姐姐谦让弟弟，却被姐姐欺负，而父母对此毫不知情。

故事的结尾，德善的爸爸端来一个新的蛋糕。他满心愧疚地说："我也不是一生下来就是爸爸，我也是头一次当爸爸。所以，我的女儿，请稍微体谅一下爸爸。"

根据社会心理学的角色划分，父母属于"先赋角色"，是建立在先天因素基础之上的。但不是每个父母都做好了为人父母的准备，他们也需要慢慢摸索，不断调整自己的行为，塑造为人父母应当具备的身份角色。在这个故事里，德善的父母由于偏离了女儿对父母这一角色的期待，不经意间伤了德善的心——这其实就是一种社会角色的失调。

有的人没能入戏，也有人入戏太深，无法出戏。有关人性的试炼，其实无时无刻不在发生着。著名的斯坦福监狱实验证明了：在特定情境或氛围的影响下，好人也会犯下恶行。这场实验其实也可以看成是“人性试炼场”里的“答布效应”实验。

美国著名心理学家菲利普·津巴多选择了24名心智正常的普通大学生，让其中的一半人扮演狱警，另一半人扮演囚犯。实验开始后，“囚犯”被要求脱去自己的衣服，穿上囚服，“狱警”则身穿制服，配备警棍。菲利普把他们的活动范围限定在斯坦福大学的封闭实验室里，开始了为期两周的模拟监狱实验。起初，大家都觉得这是一个恶作剧——这只不过是一场心理实验而已，没人会当真。可是，后来的发展显示：实验的结果一点儿也不好笑。

实验的第二天，“囚犯”们开始反抗，脱掉囚服，对着“狱警”大喊大叫，“狱警”们入戏更快，他们惩罚不听话的“犯人”，让他们去打扫厕所，做俯卧撑，做蛙跳，再不听话就用电棍、灭火器施加惩罚，甚至将其关进“小黑屋”。

实验的前五天，有五人精神崩溃，不得不退出。实验的第六天，这里已经变成了人间地狱，“狱警”们成了恶魔，“囚犯”们也认同了自己的身份，开始忏悔。一名参与者的女友来到实验现场，震惊地看到“狱警”正在强迫两名“囚犯”模仿动物交配，而“囚犯”们却心甘情愿地被如此羞辱……最终，实验被紧急叫停。

斯坦福监狱实验逼真地搭建出一个社会场景，在模拟情境中赋予参与者新的社会身份。在这一过程中，“答布效应”使每个人都认识到了身处其中必须要遵守规则。他们最初只是在环境的逼迫下有意识地做出符合角色要求的行为——“狱警”要严格管理“犯人”，“犯人”要真诚悔罪。到了后来，明确的角色意识成了一种惯性，参与者不自觉地以所扮角色习惯的方式行动。

实际上，扮演好自己的社会角色，有助于获得正向评价，比如上司的认可、朋友的亲近、家人的信赖。如果角色不清，可能会带来不利后果。所以，我们必须要找准自我角色定位，正确地认识自己，尽力避免身份错位情况的发生。

人所处的社会环境是复杂多变的，人的社会角色也是多样的，家庭、职场、社会多个领域的角色统一在同一个人身上，一旦处理不好就可能出现种种对立冲突。

4. 巴纳姆效应：
在理性与非理性之间，发现多面人性

“你是典型的白羊座，虽然总是大大咧咧的，但内心其实很柔软。我行我素，却很愿意迁就在乎的人。你很努力，但偶尔会有点想放弃……”

知名星座博主侃侃而谈，而电脑屏幕前的白羊座观众频频点头：“是的，太对了，我就是这样的人！”

然而，如果将白羊座替换为水瓶座、巨蟹座，同样的说辞依旧能赢得大众的认同。越来越多的人相信出生日期所对应的星座能够决定一个人的性格。从名人到小学生，这套说辞风靡各国各阶层，人们甚至会在自己介绍时用“我是xx座”来总结自己的个性，以期迅速给他人一个鲜明而深刻的印象。

尽管没有任何证据能够表明，性格与出生日期有着绝对的对应关系，各色各样的“占星说”依然在许多方面屡试不爽。深究其原因，其实是“巴纳姆效应”的作用。这一理论是1948年由心理学家伦伯特·福勒通过实验证明的一种心理学现象，因此也被称为“福勒效应”。

“巴纳姆效应”的含义是：人们通常倾向于认为一种笼统的、一般性的人格描述十分准确地揭示了自己的特点。这类描述越是空洞、含糊不清、适用范围广泛，人们越是容易接受这种描述，并认为它正是在准确描述自己。

那么，“巴纳姆效应”这个名字又是哪里来的呢？原来当时有一位名叫肖曼·巴纳姆的著名魔术师，他认为自己之所以很受欢迎，是因为他的节目中包含了每个人都喜欢的成分，他使“每一分钟都有人上当受骗”。20世纪50年代，心理学家保罗·米尔用巴勒姆的名字为福勒的这一实验结果命名。

福勒在实验中，给学生进行人格测验后，给出一些描述性的句子，例如：

“你祈求受到他人喜爱却对自己吹毛求疵；虽然人格有些缺陷，大体而言你都有办法弥补；你拥有可观的未开发潜能，尚未充分发挥你的潜力和优势；看似强硬、严格自律的外在掩饰着不安与忧虑的内心……”

“许多时候，你会质疑自己是否做了对的事情或正确的决定；你喜欢一定程度的变动，并在受限时感到不满；你为自己是独立思想者而自豪，并且不会接受没有充分证据的言论，但你认为对他人过度坦率是不明智的；有些时候你外向、亲和、充满社会性，有些时候你却内向、谨慎而沉默；你的一些抱负是不切实际的……”

而后，福勒让学生对测验结果与自身特质的契合度评分，最低为0分，最高为5分。结果，尽管所有学生得到的描述都是一样的，评分的平均值依然达到4.26分。实际上，这些语句正是福勒从星座与人格关系的描述中搜集到的，它们后来被命名为“巴纳姆语句”。很显然，其中的许多句子适用于我们每个人。

另一个明显的“巴纳姆效应”则是算命，处于彷徨无助中的人依赖心理大大增强，容易受到外界的种种暗示影响，只要占卜师或者算命师稍加引导，就很容易令他们深信不疑。实际上，算命师采用最多的还是“接下来一段时间你会遭遇困境，但只要不懈努力，一切都会好起来”一类语焉不详、极为浮泛的语句。

心理学上认为，“巴纳姆效应”的产生可能是“主观验证”的结果，“自我”占据了我们头脑的大部分空间，所有与自己有关的东西都会被大脑优先接收，而与自己无关的事物往往会被忽略。人们相信自己是独特的，于是热衷于搜集各种各样的证据来支持自己的想法。

然而，尽管不同的文化背景和生活环境会造成个体的思维差异，大部分人的感情和思维依旧具有共性——“巴纳姆效应”正是利用了这种共性。

年底，我的一位同事转发“锦鲤”祈福，几天后她兴奋地对我说：“真的有用！刚转发没多久，公司就发了年终奖。”你可以发现，每当年关将至时，各种“灵验”的“锦鲤”也随之多起来。但对“锦鲤”的灵验描述同样非常模糊，你可以将大量事件都归于它的作用，当然也能预料到——没有转发“锦鲤”的同事也拿到了年终奖。

要避免“巴纳姆效应”的影响，需要客观地认识自己，并培养收集信息的能力和敏锐的判断力。想要不被笼统的描述、模糊的指向所蒙蔽，更需要锻炼严谨、理性而缜密的思维和逻辑能力。

5.延迟满足效应：
能够抵制诱惑，是一种稀缺的能力

20世纪60到70年代，美国斯坦福大学沃尔特·米歇尔博士设计了一系列经典的心理学实验，这一系列的“棉花糖实验”有时也被称为“糖果实验”：在实验中，研究人员让一些七八岁的儿童单独待在一个只有一张桌子和一把椅子的小房间里，桌上的托盘里放着儿童喜欢的小零食，例如棉花糖、饼干或巧克力。

研究人员告知实验者们，自己将要离开一段时间，他们可以选择立刻吃掉零食，或者选择等15分钟后研究人员回到房间，这样他们就能得到双倍奖励。在先后针对六百多名幼童的实验中，只有30%的孩子能够坚持15分钟。

而在接下来长达十多年的跟踪研究里，研究者发现，能够坚持等待15分钟的幼童通常更具有自制力，他们的SAT成绩、教育水准和身体指数往往超过那些迫不及待吃掉糖果的儿童很多。

研究者认为，延迟满足能力强的儿童，未来更容易发展出较强的社会竞争力、较高的工作和学习效率。他们也因此具有较强的自信心，能更好地应付生活中的挫折、压力和困难。在追求自己的目标时，他们同样更能抵制住即刻满足的诱惑，而实现长远的、更有价值的目标。

在没有外界监督的情况下，他们会适当地控制或调节自己的行为，抑制内心的冲动，并抵制诱惑，直至目标被达成。这是一种综合能力，也是一种稀缺的心理素质，还是个体完成各种任务、协调人际关系和成功适应社会环境的必要条件。

不过，并不是所有学者都认同这一点。比如，有些人就认为我们不能以事业成就等显性标准来判断一个人成功与否，不能说善于规划、善于自制的人就一定更加成功。但抵制诱惑的自制力是一种少见的能力，这是毋庸置疑的事实。

在我们生活中，需要延迟满足的例子也比比皆是：距离大学英语六级考试还剩一周时间，你还没有做好充分的准备，而你的朋友邀请你去KTV唱歌。此时，是享受近在眼前的快乐，还是充分发挥自制力，等考试结束后再去娱乐，就是一个关系到延迟满足的问题。

每天，我们都告诫自己要早睡，但到了午夜12点，依然放不下手机。尽管明知道长期晚睡会导致第二天精力不济，引发一系列健康问题，玩手机的即时满足感仍然让我们不愿意放弃此刻的快乐，以至于睡得越来越迟。

出于健康、个人品质、学业事业等方面的考虑，培养延迟满足的自制力对大多数人而言都是非常必要的。延迟满足不是单纯地让人学会等待或压制欲望，而是一种克服当前困难，获得长远利益的能力。

通常，在幼年时期，家长可以通过与儿童约定短暂的等待时间，来培养他们的耐心。“代币法”就可以用来延迟满足。例如，家长可以规定，每次孩子按时完成作业，就奖励给他半个小时不受打扰的动画时间；或者每次完成作业后奖励一颗五角星，五颗五角星可以换得一次买新玩具的机会等。

成年人如果认为自己的延迟满足能力较弱，则可以有意识地培养自控力。例如，可以先从较小的目标做起。如果你不能集中精力工作或阅读，就可以充分利用“番茄工作法”：规定自己在一定时间内专心致志地做某件事，完成一件事就给自己一个小小的奖励。

在延迟满足的过程中，满足感的设置尤为重要——它是一个人愿意牺牲当前较小利益的关键。因此在设置目标时，最好给自己一个较为期待的奖励，而目标一旦达成，就不要轻易将奖励撤销，而是要让自己通过奖励得到满足。

一些社会新闻提到，大量90后青年通过信用卡、花呗等金融工具维持着支出大大超过自己收入的生活。一段时间后，许多人都负担着沉重的还款压力。而长期入不敷出不仅会损害一个人的信用评估，为了还款而采取的种种突破道德底线的手段，如裸贷等，更对他们的身心健康和社会关系造成了巨大伤害。

把即时满足欲望放在第一位，完全忽略信用借贷方面的风险，就是一种延迟满足能力的欠缺。

延迟满足，既是自我控制，也是抵御诱惑，更是长远规划，这是一种非常重要的能力。长远来看，在学业、事业等方面较为出色的人，往往都有着强大的自制力。

第十章

蔡加尼克效应：

所谓突破，
都是自我心智的突围

1. 蔡加尼克效应：越是得不到满足，就越在意

电影《一代宗师》里有句台词：“念念不忘，必有回响。”对喜欢“追剧”的读者来说，这句话一定深有感触——剧情正进行到精彩之处时，突然插入一条广告，还温馨提示“不要走开，广告之后，马上回来”——观众果然像听话的好孩子，就等广告之后继续观看。有哪位“气性大”的朋友关掉屏幕干脆不看的吗？可能有，但应该是少数。大多数人还是想知道接下来会发生什么。

假如此时刚好停电了，手机和平板等设备也都突然失灵，那股“百爪挠心”的劲儿会令人痛不欲生，让人对这半集剧情更加耿耿于怀。

但有什么办法呢，这就是“蔡加尼克效应”。这种心理学效应是指人们对未竟的事情比完结的事情有更深的记忆。就好比现在问你昨晚吃了什么，你肯定想半天都想不起来。但如果昨晚有碟鸡腿转到你面前时已经空了，你或许对其印象深刻，过了很久都还记得那几只没吃上的“金黄饱满的鸡腿”。

20世纪20年代，立陶宛心理学家蔡加尼克做了一个实验。她设计了22件不同的任务，例如，“完成拼板”“演算数学题”“从55倒数到

17”“写下一首你喜欢的诗”“把一些颜色和形状不同的珠子按一定的模式用线穿起来”，等等。

有些任务虽然听起来又长又难，但其实都是容易上手的，而且每件任务的完成时间大体一致，一般只需几分钟。

她把这22件任务随机分成两组，当志愿者做A组任务的时候，则不加打扰，令其顺利完成；当志愿者做B组任务的时候，则随时打断，令其做下一道题。实验模式大约是这样：

A1（√），B1（×），A2（√），A3（√），B2（×），A4（√），B3（×）……A11（√），B11（×）——总之，任务次序随机排列，但A组任务志愿者可以做到底，B组任务则不给志愿者机会做完。

当这22件任务一结束，蔡加尼克就要求志愿者立即回忆这22件任务都有什么内容。从中她发现一个很有趣的现象：志愿者大概能回忆起50%的任务具体内容，而在这一半有效回忆中，A组任务的平均占比是43%，B组任务的的平均占比却可以达到68%。换言之，志愿者对“未完成的任务”更加念念不忘，因此能回忆起更多内容。

“蔡加尼克效应”是一种记忆效应，但深层原因在于：很多人有着与生俱来的“完成欲”，要做的事情只要未完结，心理上的紧张状态就无法解除，这件未竟之事就一直压在心头，片刻不能解脱。而一旦完结，紧张的状态得到释放，记忆的内存无须占用，便会很快忘记。

喜欢看书的读者想必对以下情形不会陌生。时间已经凌晨三点，次日七点有个重要会议，但手上的小说悬念纷呈令人欲罢不能，每到这时候，经常是“我再看15分钟就去睡觉”，但往往是看到结局才肯罢休，于是心里哀号——“完蛋了！只能睡半个小时！”

人们天生对“完整”有执念。蔡加尼克效应仿佛是个“磨人的小妖精”。但对拖延症重症患者来说，这个效应却是一大福音。

畅销书《先发影响力》的作者罗伯特·西奥迪尼讲过一个故事。他有个朋友写文章既多又快，常使他惊叹。他感到非常奇怪——难道这世上还有不拖稿的作家？那是怎么做到的？他的朋友说，每次写到快完成的时候，即使文思泉涌，也要强制自己“下线”去干点别的事情。这样一来，此前念念不忘的那个未完待续的“坑”就会激发他产生更强的创作欲望，促使他转头迫不及待地将其填上。

仔细分析这个故事，其中的关键似乎在于中途作家的创作念头被打断。但再想想，他的写作也得首先进行到中途，然后再被打断，才能圆满激发“填坑”的动机吧。也就是说，如果一件事毫不进行，就不会产生这种可供打断的机会。可一旦开始，出于对“完整”的执着，人们就会倾向于完成它。而如果中途能稍微打断一下，那人们简直希望立刻完成它！

对很多人来说，学习新东西以提升自己是件麻烦事，不由自主就会产生回避的心理，并开始寻找种种借口。最常见的借口，就是近来太忙，等手头上的事情处理完再做不迟！

也常听人抱怨，“哎呀我的字太丑了，找个时间练练字才行”，或者“我的英语口语没救了，唯一的办法大概得去谈场异国恋爱”，或者“这本书太厚了，先把那些薄的看完再说吧”等等。可惜琐事应接不暇，时间总腾不出来，信誓旦旦立志要好好练字、拯救口语、啃下厚书……随着时间流逝皆成泡影。

每当面临上述困境，最重要的就是打开缺口，先做一部分。在“蔡加尼克效应”的驱动下，借着心头的不安感觉，逼着自己把“任务”一步步完成。一旦有了好的开头，接下来你就有可能不断超越自我极限，甚至创造出更多的“不可能”。

2. 穿针心理：
既然摆脱不了压力，就和压力做朋友

许多人都有过穿针引线的经历。穿针时，首先要把线头濡湿，避免它分成几股，然后把线头捻细，最后握稳针线，屏息凝神将线穿针眼。

这个过程说起来简单，但是很多人发现，实际上，要把这种小事做好并不容易。一个人越是战战兢兢，就越容易失手。在心理学上，这种现象被称为“目的颤抖”，或者“穿针心理”。

从心理学的角度分析，当我们过于专注于目标时，心理压力会增加，瞳孔会收缩，情绪变得敏感焦躁，这毫无疑问会影响到我们正常实力的发挥。

美国著名射击运动员马修·埃蒙斯就是一名屡屡跌倒在“穿针心理”下的悲剧性人物。在2004年雅典奥运会男子步枪三姿决赛中，马修埃蒙斯在前九枪大幅度领先，最后一枪却鬼使神差一般射在了他人的靶上，尽管这一枪达到了惊人的10.6环，却是无法计入成绩的——这个低级错误导致他与冠军奖杯擦肩而过。

在2008年北京奥运会上，戏剧性的一幕再次上演，同样是最后一枪，马修·埃蒙斯虽然没再射在别人的靶子上，但是他的最后一枪大失水准——打出了与他平时水平完全不匹配的4.4环，将冠军拱手让人。

在2012年伦敦奥运会上，他在北京奥运会的悲剧再次重演——仍然是直到倒数第二轮还保持领先，最后一枪功亏一篑。

马修·埃蒙斯的悲剧让人不得不同情，他的三次奥运会经历几乎是“穿针心理”的具象化体现——全力把子弹穿进靶子却在最后一刻功亏一篑。

对于马修·埃蒙斯来说，奥运会的重要性不言而喻，如果说第一次参加奥运会只是为了在最高的竞技舞台证明自己（这对于一个运动员来说已然很重要了），那么，其后两次就更不止于名次的争夺，还有非常浓重的“一雪前耻”的意味。然而，事实就是那么残酷，他所心心念念的冠军奖牌一再与他擦肩而过。

不单是运动员在大赛场合会发生这样的失误，生活中类似的事情也非常的常见。

凯琳在世界500强企业上班，某次她受命筹备一个大型会议。她非常想把会议筹备好，那一段时间脑子里全是会议的事情。为了怕疏漏某一环节，她简直恨不得找人把会议流程预演一遍才好。然而，临近会议开始的时候，她发现了一个非常尴尬的问题——会议上准备的纸少了。

实际上，会议期间有专门的印有各出席人员信息的会议记录纸。但是，会议流程中还有一项匿名发言环节需要用到空白纸。由于安排人员太忙，就忘了准备。如果嘉宾要匿名提交发言的话，就得在会议记录纸上撕下一片，避免出现自己的信息，写完后再提交——这无疑是非常不方便的。还好，经人提醒，她才避免了这个小麻烦，也避免了可能给嘉宾带来的困扰。

凯琳做事一向很具有条理，也具有高度的责任心，她的优秀在公司大家有目共睹。可能正是因为她太想把会议组织好，精力都被各个环节所占用，才会发生这种平时她绝不允许发生在自己身上的失误。

这就是“穿针心理”的内涵所在——对于重要的事，保持专注无疑是必要的，但一定不能把所有思想都悬挂在这一件事上，整个人被这件事牵着走。那样，你很可能失去了思想的灵活度，很可能就会发生意料之外的失误。所以，保持专注的同时也要保持一颗平常心。

篮球运动员在罚球前经常会舒展胳膊，活动肩膀，调整呼吸；足球运动员在点球前也会欠腰，晃腿——他们都是在平复紧张心理，回归平常心。这样，他们罚球或点球时成功率才会更高。

对于普通人亦然，如果你要全身心投入某项非常重要的工作，不妨抽一点时间让自己放松些——既然压力无处不在，有时候，你必须学会和压力友好相处。

3. 酝酿效应：
适当的暂停，反而让你事半功倍

美国化学家普拉特和贝克曾用填表的方式对许多化学家进行调查，希望能了解同僚们在解决重大问题的时候是怎么想的，尤其是那些创造性的解决方案是怎么做出的。

其中有一位化学家答道："我决心放下工作，放下有关工作的一切思想。第二天，我在做一件性质完全不同的事情，好像电光一闪一般，突然头脑中出现了一个思想，正是解决办法——简单到令我奇怪怎么先前竟然没有想到。"

无独有偶，著名数学家高斯曾这样描写一个算术定理的证明过程："终于，在两天以前我成功了……像闪电一样，谜一下解开了。我自己也说不清楚是什么导线把我原先的知识与使我成功的东西连接起来。"

这两个如有神助的例子，看起来很玄，但其实符合心理学上的"酝酿效应"——当人们尽力去解决一个复杂的或者需要创造性思考的问题时，很有可能遇到瓶颈，这时无论多么努力，还是不能解决问题——在这种时候，暂时停止对问题的积极探索，可能就会对问题解决起到关键作用。这种暂停就是“酝酿效应”。不管是科学家还是普通人，在解决问题的过程中，我们都可以发现“把难题放在一边，放上一段时间反而能得到满意的答案”这种现象。

以下这个许多人耳熟能详的故事，说明了著名的阿基米德定律的发现过程：

古希腊的一个国王命人做了一顶纯金的王冠，但国王疑心病比较重，总觉得工匠在王冠里掺了纯银。但问题是，怎么验证王冠的黄金纯度呢？总不能把王冠砸了吧？国王就令阿基米德想想办法。阿基米德为了解决这个问题，绞尽脑汁地尝试了很多想法，但都失败了。

有一天，他在洗澡时发现，自己一坐进澡盆就有水往外溢。阿基米德突然意识到，物体浸入水中所排开的水的体积应该和物体的体积相同，那么所排开的那部分水的质量就应该等于物体本身的质量——也就是说，只要找一块跟王冠相同质量的黄金，测一下所排开的水的质量，就知道王冠的真伪了。

于是，阿基米德高兴得光着身子便冲到大街上高喊：“尤瑞加！”（希腊语：我找到了）。

也许有人没意识到这种现象是多么普遍，但日常生活中，当我们对一个难题百般钻研就是无法解决的时候，思维就进入了“酝酿阶段”。直到有一天，当我们在做其他事情的时候，答案却可能突然出现，令我们忍不住像阿基米德那样高喊“尤瑞加”。

“山重水复疑无路，柳暗花明又一村”，这句古诗正是这一心理的精准写照。

心理学家认为，酝酿过程中存在潜在的意识层面推理，储存在记忆里的相关信息在潜意识里组合，人们之所以在休息的时候突然找到答案，是因为个体消除了前期的心理紧张，忘记了前面不正确的、导致僵局的思路，转而具有了创造性的思维状态。

因此，如果你面临一个难题，百思不得其解。不妨先把它放在一边，去和朋友散步、喝茶，暂时地“放空”自己，或许答案真的会“踏破铁鞋无觅处，得来全不费功夫”。

从“酝酿效应”的表现形式和思维本质特征来看，它体现的是人的直觉思维，或者又称为灵感。既不表现为演绎的推理形式，又不表现为归纳逻辑，也表现不出其他的规律性，不受逻辑规律的约束，往往超越逻辑程序而直接作出结论，这就是直觉思维。

另外，“酝酿效应”是一种突发性的创造活动，一般是在对问题冥思苦想之后，在出其不意的时间或状态下突然发生，因而表现为思维运动的突然飞跃，体现突发、突变和突破的特点。

许多事实也表明：灵感往往产生于紧张工作之后的稍事休息之际。这时，大脑处于相对暂时的松弛状态。有人把它称之为“下意识状态”，并且认为这种放松状态是产生灵感的最理想状态。

例如，俄罗斯著名化学家门捷列夫发现元素周期律的决定性灵感，就是在他提着箱子准备上火车之际突然闪现的；德国著名数学家希尔伯特长期未解出的一个数学难题，据他说也是在一次看戏时突然领悟的。

当我们对某些问题进行深入研究时，前期的资料搜集和充分准备固然必不可少，但如果遇到毫无头绪没有结果的情况，就不应一条路走到黑，而应该把对该问题的积累和思考先暂时抛开，去干点别的事情，等待有价值的想法自然酝酿成熟并产生出来。

4. 瓦伦达效应：
越是想成功，可能越是容易失败

卡尔·瓦伦达（Karl Wallenda）是一位声名远播世界各地的优秀杂技家，自他6岁时即开始了表演生涯。他尤为擅长高空走钢索，15岁时就进行过没有任何安全保护措施的高空表演。不过，如今，他的赫赫大名可不止来源于他出色的技艺和超乎常人的胆魄——更多人知晓他是因为我们将要讲到的“瓦伦达效应”。

这是一个因为他的悲剧性死亡而得名的心理学概念，1978年，73岁的瓦伦达在最后一场高空走钢索表演中坠地身亡。此前，他从未在表演中出过任何事故，而他坠地前的最后两个动作难度并不很大，这令许多人对他突然失败的原因产生了困惑。事后，还是他的妻子提供了答案。

瓦伦达的妻子说，自己在这次演出开始前就觉得丈夫会失败：此前，他在演出开始前只关注走钢丝这件事本身，而非其可能产生的一切后果。但在最后一次演出开始前，他却一再对自己强调这次演出的重要性，迟迟无法放下演出必须成功的执念。她认为，正是这种极端的患得患失情绪，使得一贯技艺高超的丈夫在演出中失常发挥，最终导致了这场悲剧的发生。

于是，因过分执着于某事而患得患失的心态后来就被称为“瓦伦达心态”。与之相反，只专注于事情本身，而不把主要的精神和注意力消耗在担忧成败上，最后获得成功的现象就被称为“瓦伦达效应”。面对人生中的谢幕演出，瓦伦达本应正常发挥，实现唾手可得的成功，最终却因太渴望成功而获得了失败——这种命名方式恰恰体现出后人对这一反差与遗憾的叹惋之情。

“瓦伦达心态”和“瓦伦达效应”在现实生活中并不罕见，我自己就有过这样的经历。从辞去第一份工作到开始第二份工作，我有大约7个月左右的时间处于失业状态。那段时间内，我不停地投递简历，获得了多次面试机会。每次我收到面试邀请时，都非常希望面试成功，但距面试开始的时间每近一分，我的内心就多一分恐慌：万一这次我失败了怎么办？要是我被问到一个没准备过的问题怎么办？要是我做好了一切准备，却突然出点儿什么意外怎么办？家人、朋友和我自己会不会对此非常失望，会不会对我进行指责？

“瓦伦达心态”让我过分惧怕失败、反复怀疑自己，结果，几乎所有我为之精心准备的面试都没有了下文。有段时间，我甚至在几次面试即将开始前主动联系公司，以实际不存在的理由取消了面试，因为这样我就不用担心了——反正面试已经注定失败了。

然而，在我完全没担忧过自己能否通过面试的时候，“瓦伦达效应”发挥了作用：在一次面试前，我被公司情况和职位内容所吸引，清空了一切杂念，专注地搜寻相关的资料和信息，认真做好了面试前的准备，并在面试时正常发挥。这样，我就很顺利地获得了我的第二份工作。

其实，更多类似的例子我们早已耳熟能详：喜欢一个人，却在每次和对方谈话时引起尴尬甚至干蠢事；想要取得好成绩于是努力复习，但考前把知识点记得滚瓜烂熟，进了考场头脑中却一片空白；在众目睽睽下演讲，一再给自己打气“我一定行”，却在真正上台时思维混乱，甚至张口结舌……

“三思而后行”是有必要的，但“三思之后又三思，三思之后又三思”，结果导致自己没能展现真正的水平，那就实在是没有必要了——患得患失的心态在让人产生不必要的思虑和负面情绪的同时，更会让人在不知不觉中担负沉重的精神压力，这必然影响人的正常发挥。

《庄子》有载：“以瓦注者巧，以钩注者惮，以黄金注者殙。其巧一也，而有所矜，则重外也。凡外重者内拙”。这段话的意思是说，用瓦砾当赌注时可以轻松获胜的赌徒，当筹码换作金子的时候如果无法调整好自己的心态，就会陷入混乱无措的状态——在专心做好手头的事之外分心旁顾、思虑重重，自己的心态与事情的结果必然都会受到影响。

不过，幸运的是，在局面无可挽回之前，我们都有迎接“瓦伦达效应”的机会——让自己追求的目标成为自己前行的动力，而非压垮自己的负担；让自己的心态更平和、情绪更稳定；不要让恐惧、猜疑和根本没有发生过的事情干扰自己的思维；收起无意义的杂念，全身心地享受努力奋斗的过程。

总而言之，人越是“钻牛角尖”，一厢情愿地命令自己一定要成功，越有可能收获与期望有所不同的结果。静下心来，一步一步踏实向前，专注于最基础的事情，才有可能真正实现自己的目标与理想。

5. 罗森塔尔效应：
积极的心理暗示，是最强大的力量

古希腊神话中有这样一个故事：塞浦路斯的一位国王皮格马利翁性格孤僻，从不热衷于奢靡的宴饮交际，却喜欢一个人静静地雕刻艺术品。因为不喜欢塞浦路斯的女子，他用象牙雕刻了一个令其梦寐以求的少女雕像，并向它倾注了自己全部的热情与爱意。

最后，虔诚的皮格马利翁向爱神阿佛罗狄忒祈求赐予雕像生命。爱神阿佛罗狄忒被他的真诚感动，于是使这座少女雕像活了过来。欣喜若狂的皮格马利翁给这个少女命名为伽拉忒亚，并娶之为妻。

心理学中著名的“皮格马利翁效应”，就是以这位神话人物的名字命名的。而这一效应发现者，是美国著名心理学家罗森塔尔。

1966年，罗森塔尔和另一位心理学家雅各布森合作进行了一项研究。首先，罗森塔尔来到了一所学校，随机抽取了几个学生的名字。之后，他们假称通过自己的测试，发现这些学生有非常好的学习天赋，只不过目前尚未表现出来。

然而，出乎意料的是，经过罗森塔尔的肯定之后，这几个被点名的学生在期末测试中获得的成绩比其他学生——也比他们自己的往常成绩——高出一大截来，这个结果确实证明了他们所谓“拥有非常好的学习天赋”的测试结果。

对此，罗森塔尔坦言道，这其实是个人潜藏的自信和期望的外化表现——因为这些学生被人“判断”为天才，所以产生了一种自我激励的作用，从而令其更加努力，最后取得了好成绩。

从这个意义上说，我们对人投注的期望和信心，也和神话中的皮革马利翁一样，可以改变一个人的命运。罗森塔尔把这种由期望而产生实际效果的现象叫作“皮格马利翁效应”。由于是罗森塔尔最先进行了这方面的实验研究，后来，这一效应也被心理学家们称为“罗森塔尔效应”或“丑小鸭实验”。

著名教育家陶行知曾经说过，“你的教鞭下有瓦特，你的冷眼里有牛顿，你的讥笑里有爱迪生”——这也是对“罗森塔尔效应”最好的诠释，它在教育心理学中被运用得尤其广泛。

在很多学校里，老师对学生的教育都会以鼓励与赞扬为主，他们擅长发现学生们身上比较亮眼的闪光点，并通过言语或暗示让学生相信自己是与众不同的，从而激发他们的自信心。

我们总是会不由自主地受到自己信任、崇拜和喜欢的人的影响，如果这种人给予我们的暗示是鼓励、期望与赞扬，那么，我们就会变得更加努力、更加积极——这就是这一效应的神奇作用。

“罗森塔尔效应”在管理学方面应用也十分广泛。例如，日本松下集团的创始人松下幸之助就经常给下属或同事打电话——无论对方进入公司的时间是长是短。他也不一定会有什么专门的任务安排，只是随意地和员工们聊天，问问员工的现状。可是，对员工来说，每次接到总裁的电话，一种自己“被看重”的念头就油然而生，无论有没有特别的任务安排，他们都会产生自己对公司、对总裁来说“足够重要”的想法。

积极的心理暗示是在是一种很强大的力量，当这股力量发展为对自我认知的自信，对自己未来成长的期望，那么人自然而然就会变得愈发自信、强大起来。

所以，你可以说，“罗森塔尔效应”其实是一个最简单的道理——当你向一个人传递消极的暗示时，会使人自暴自弃，放弃努力。反之，对一个人传递积极的期望，就会使他进步得更快，发展得更好。

关于这一点，我们实在是听过太多的例子：在雪白的墙上胡乱涂鸦的孩子，没有被家长责罚打骂，反而是在家长的鼓励下逐渐成长为一个优秀的画家；喜欢没事就用筷子把家里的锅碗瓢盆敲个遍的孩子，被鼓舞、被引导，被家长送到音乐课堂学习打鼓，最后变成一个优秀的乐队鼓手。

“暗示”这种心理作用对人自我成长的影响堪称神奇。在一个人的成长中，最重要的就是自信心的建立。无疑，积极的心理暗示，是一种极为强大的力量。

第十一章

马太效应：

与众不同的见识，
会积累成更大的优势

1. 马太效应：要么颠覆自己，要么被别人颠覆

“马太效应”出自《新约·马太福音》，它原本讲的是这样一个小故事：

一个国王要外出远行，他分别给三个仆人五千、两千、一千银币，由他们全权打理。国王回来后召集仆人们，询问他们各自的结果。其中，拿到五千和两千银币的仆人都将其用来经商。相应的，他们的投资都获得了不菲的收益。然而，拿到一千银币的仆人却觉得无处可投资，便把银币埋在了地下，没有获得任何收益。

于是，国王把第三个仆人的一千银币收回，转而赐给了另外两名仆人。他的结论是：“凡是少的，就夺其余，使他越来越少；凡是多的，就更要给他，使他多多益善”。

“马太效应”指出了一种现象：当一个人获得成功后，他会越来越成功，其所具有的优势会不断地扩大；而当一个人处在困局时，他会越来越步履维艰，前路越走越艰难。

这一现象的成因有很多。比如规模效应，当做成一定规模时收益稳定提高，风险骤然降低；比如资源的自我升值，钱生钱、人脉产生人

脉；比如方法论，当你掌握一种方法时，才能举一而反三，融会贯通，你接下来才会掌握更多方法……

总之，有许多因素，是我们在成功之后才能获得的，也是成功后容易获得的。当然，成功的奖励并不只有金钱而已。

你可以发现，有很多事业在起步时都是十分艰难的。就比如互联网企业，最难的可能就是争取到客户并留住客户。而一旦有了稳定的客户群，后面的事情几乎都是顺水推舟一般。

中国移动互联网有过三次最有名的争抢客户行为——千团大战（外卖、团购大战）、打车大战、共享单车大战。参与其中的每一家公司都知道，一旦客户的行为习惯形成，就是战局见分晓之时——胜者将稳享行业红利，成为新的独角兽；而败者可能退出竞争，甚至公司立刻倒闭。

基于这样的认识，众公司使尽了浑身解数争抢家户。比如，千团大战之时疯狂发放补贴，一份20块钱的外卖四五块钱买到都是常事；打车之战时各打车软件为了动员司机使用软件，不仅发放补贴，还到大街上、闹市区搞地面推广。某打车软件经理回顾说，他们打动某些司机的原因是别的打车软件推广人员给司机带的是矿泉水，而他们带的是更贵一点的果汁——战况激烈情形可窥一斑。

事实证明，各公司的预感是正确的，疯狂的竞争之后，胜利者都是新晋的互联网行业巨头。“马太效应”在这个案例中体现得淋漓尽致。

但是从另一个角度来说，那些被无情扼杀的那些公司真的很差吗？也不见得，至少不会差到与胜利者之间存在“云泥之别”的地步。那些失败的公司和最后胜出的公司在结果揭晓时也许只差一点，然而，当结果公布后，这点差别却使它们成了确定的失败者。

“没有人记得第二名”这句看似残酷的话自有其道理。或许，有人告诉你他知道世界第二高峰是乔戈里峰，可是任谁都不得不承认，相比于珠穆朗玛峰，乔戈里峰的存在感实在是太弱了，不是吗？人们的注意力是有限的，大家都会去关注最优秀的、最有代表性的事物。当所有人都持有这种观念时，成功者所受到的关注就远远超过了其他人。

对于个人也一样，当你在没有成功时，你会觉得处处碰壁，旁人会不自觉地用较高的尺度来要求你。可是，如果你已经是一个声名卓著的成功者，那么，旁人对你的评判尺度就不会卡得那么严格。

对许多人来说，确实是有两把尺子的，当你成功了，这把尺子就会灵活一点，尺子会主动去适应你；而当你失败时，你就不得不去适应尺子。很多名人都有着坎坷的前半生，他们身处不幸时，并没有人关注他们的生活和想法，他们为了改变命运、发出自己的声音可以说是费尽周章。而当他们成功后，他们再做其他事情都得心应手、轻而易举。

比如，著名企业家马云在杭州应聘麦当劳服务员而不得的时候，肯定没有人会想到这个人的头脑里蕴藏着宏大的视野和壮阔的想法。而当马云所创立的阿里巴巴初具规模，开始开发淘宝和支付宝时，他所遇到的困难已经少多了。那时的马云已经有余裕四处演讲和举办论坛了。

“马太效应”就是这样一种强大到可怖的武器。善于利用它，真正把优秀当作一种习惯，你的成功之路会越走越顺遂，前途也越来越光明。

洛克菲勒曾经说过一句非常霸气的话——即使把他放在沙漠身无分文，只要有一队驼队经过，他也能东山再起。洛克菲勒的底气，显然来自其多年来浮沉商海所获得的敏锐视野和经营管理方法。是的，一旦你成功了，你能获得的东西会有许多——绝不仅仅是成功本身。

2. 均值回归效应：
事物的发展总是围绕着平均值波动

所谓“均值回归效应”的说法常见于股票市场中，是指每只股票都有其平均价格，股票价格无论高于或低于均值价格时，都会有极高的概率向均值价格靠拢。根据这个理论，股票价格总是围绕其平均值上下波动的。

也就是说，对于一种上涨或者下跌的趋势，不管其延续的时间有多长，都不能永远持续下去，最终，均值回归的规律一定会出现：涨得太多了，就会向平均值移动下跌；跌得太多了，就会向平均值移动上升。这种在一定时期中会向平均值靠拢的规律，被称为“均值回归效应”。

“均值回归效应”也可以用于说明我们人生中的起起伏伏。在我们每个人的生活中，好事情和坏事情是会交替出现的，处于人生低谷的你逆势上升，可能不是因为你做了什么特别的决定，而仅仅是你人生的正常波动。这个时候，我们可以思考是不是发生了“均值回归效应”，也就是说不管这个时候外力产生了多少额外的作用，本来你的人生就是要从低谷爬起来的。而如果你觉得自己最近状态好像在下滑，在排除了一些特定因素之后，我们需要的可能只是放松心情，因为这只是一种正常的状态变化。

我们生活中基于“均值回归效应”的判断并不在少数。经常可以听见这样的例子：

A和B两位学生，A的平均成绩总体好于B。但在高考中，因为其他因素的影响，导致B的高考成绩好于A。B最终上了一所相比A来说更好的学校。但实际上，在以后更长的时间内，A和B都在回归他们的平均水平值。最终，大学毕业A找到的工作好于B。

一次的发挥结果受到所谓运气、心态等因素的影响可能非常大，但是，人的一生终究是回到自己的平均水平的。这对于我们的人生的指导意义在于，在机遇面前，或者在人生高潮的时候，要努力提高自己的平均水平——让“均值回归效应”出现时的人生平均值水平线高于自己之前的时期，那么，你的一生自然呈现出一个整体向上的趋势。

史书《三国志》中记载了一段刘备少年时期的经历。他从小不喜欢读书，却喜爱犬马、华服、音乐这类在旁人看来是玩物丧志的东西。但是，他在生活中却利用自己的这种特长，广泛结交各类豪侠，才有了后面大家都耳熟能详的“桃园三结义”等故事。甚至，有的商人出于对刘备的赏识主动交好于他，给他提供金钱上的支持。

刘备则利用这些资金帮助更多的百姓，在民众中的威信日渐提高。伴随着名望和资本的积累，刘备渐渐完成了自我价值的提高。也正是因为如此，我们才能看到后来的“刘皇叔”传奇一般崛起为一方霸主。特别是在“三顾茅庐”获得诸葛亮的帮助之后，他终于逆袭成功，成为三国时代与魏吴两国相争的一代雄主。

对于刘备来说，年少的时候，他拜在名师卢植门下学习，和贵公子公孙瓒交好，可能只是他人生初期的一个小高潮。但是，他并没有止步于这个水平，而是在“均值回归效应”出现之前，在学习、生活、交友等各方面努力提升自我。

在现在各类电视剧中，小人物逆袭的故事永远是被人所津津乐道的，大家觉得这些所谓的“逆袭主角”们通过努力实现了自我人生的改变。但是，换个角度看问题，这些看似意外的“人生逆袭”现象也可能只是产生了“均值回归效应”而已——逆袭的主角们在故事的一开始处于低潮期，而随着时间的推移，他们的人生回归了人生价值的平均值。

在我们日常生活的俗语中，类似“均值回归效应”的事情也屡见不鲜。“是金子总会发光”和“塞翁失马，焉知非福”这类俗语同样说明了“均值回归效应”——人生就像一条上上下下的曲线，围绕着中间的恒定值循环反复。如果你要想让这个螺旋呈现的是上升趋势的，那么，你只能选择在生活中的每一件小事中提升自我。不要试图一口气吃成一个胖子，慢慢把这条人生的水平线的均值提高，你自然会实现你的人生目标。

“均值回归效应”告诉我们，事物的发展总是在平均值附近波动，我们更应该做的是在低谷时期保持好自己的良好心态。对于每个人来说，这都是一个必经阶段，不必过度恐慌。而在高峰值时期，要善于抓住机遇提升自己，在点滴中完成自己平均值的提升。经过这样的历练和打磨，你终究会赢来更加辉煌的未来。

3. 峰终定律：
高峰期和结束时的感受，决定我们感受的强弱

人们对一次体验的哪些部分更关注？是愉悦时间的比例，还是高潮与低谷的反差？是第一印象，还是最让人付出精力的环节？这个问题萦绕在许多致力于向客户提供良好体验的商家的头脑中。

人类有时候确实不明白自己到底更在意什么，往往只是在潜意识中带着某种特定的偏好。那么，你真的能避免思维的惰性，完全理智地对琳琅满目的商品做出选择吗？别高估自己，很多时候，你是不可以的——“峰终定律”就体现了人在体验上的评价倾向。

“峰终定律”的定义是，在一次体验中，峰（高峰）和终（结束）时的体验被人们记忆得最为牢固，而我们对体验好坏的评价，也主要受这两个时刻的感受所影响。

这就像上学时老师说写作文最重要的是开头结尾一样——考试时由于时间紧迫，我们可能没有办法写出十全十美的作文，那就要适当地把握重点，浓墨重彩地渲染阅卷老师最想看的内容或观点。同样的，当经营者更清楚客户感知的核心所在时，也就更能“投其所好”；当消费者明白自己最在意的是什么时，就会更能调整自我，合理选择。

“峰终定律”在某种程度上很契合我们的感知，大家往往都能感受到“峰”与“终”体验的重要性，只是可能会讶异这两点居然是最重要的——甚至比我们历尽艰辛、挣扎彷徨的奋斗过程还要重要。

举一个极端点的例子，如果我们在高峰时获得了无与伦比的美妙体验，又在结束时获得了一个令人满意的结果，那么，我们在中间经历什么样的折磨、打击都不会影响我们的愉快体验。换言之，只要我们能达到一个高峰，并取得一个不是太糟的结果，那么我们可以为之忍受任何磨难。

对于很多人来说，验证这点的例子无疑是高中生活。很多人的高中生活都可谓单调乏味——学校有着严格的时间安排和纪律要求，能做的事情少之又少，大多数时间都是埋头在教室里看书、做试题。为了高考，学生们舍弃了多姿多彩的服饰、遗忘了曾经为之痴狂的明星、隐藏住了朦胧懵懂的情愫，靠着在操场奔跑、着魔一样地背单词、声嘶力竭地喊口号来集中思想、消除杂念。说实话，整个高中大多数的时间都是枯燥的。尤其是常年穿着校服使很多人几乎忘了“美”是一种什么样的概念。

可是，回望自己的青葱岁月，对于许多人来说高中生活依然是美好的。他们绝不是“受虐狂”，他们只是真诚地怀念那时的自己。当参加同学聚会，一道回顾高中生活时，最令大家心神荡漾的，往往不是当年的用功和奋斗，而是险些表明的暗恋、共同举办活动时的团结协作、纯洁朴实的同窗友情、高考后终于解放了的一瞬间——大家在离校的前夜撕书、喊叫、表白、狂奔、哭泣……仿佛一切放纵都不足以赎回被压抑的青春期。

这就是“峰终定律”的体现。尽管高中的主旋律是枯燥、漫长、琐碎的学习，让人学到不知天昏地暗直欲头昏眼花，可是我们在后来的回顾中，并不会把这些看作是最主要的部分。我们仍然会在记忆中美化并怀念那段时光，最关注的仍然是那三年中寥寥可数的“高光时刻”和温馨中带着丝丝悲壮的“散场曲”。试想，如果不是这样，谁还会觉得严苛的高中生活亲切可爱呢？

“峰终定律”更主要的是指导服务型企业的经营管理，而实际上，很多优质的服务型企业都会利用这一定律。

中国内地服务最好的餐饮企业，业界一般首推海底捞。

海底捞的理念就是“把服务做到极致”。当第一次去海底捞用餐时，面对恭立一侧随时准备为客人续杯的服务员，很多人还是会感受到不好意思的——他们几乎为你考虑到了方方面面，不仅仅是端茶奉水，而是尽力提供你所期望的一切服务。当你一个人去过生日时，店员会在你的对面摆放一只小熊，并为你唱生日歌。

网上甚至还流行过这样一个段子：当你在海底捞看到马路对面有人吵架时，甚至有服务员给你提供瓜子，并代你打听对方为什么吵架。

总而言之，无论你自己意识到或意识不到的需求，对方都竭力替你实现了。那登峰造极的服务使人们忽略了海底捞的一些问题，比如可选择的火锅口味并不丰富，比如超多客流量带来的排队体验……到最后，很多人去海底捞并不是为了吃火锅，而只是想找个舒适的地方和朋友聊聊天。

海底捞不仅把服务做到了巅峰，它所提供的结束时的体验也是最好的。和很多餐饮企业一样，海底捞的服务员会送客人离开，不同于其他行业以一句套话“欢迎下次光临”和一个告别的手势收场，海底捞的服务人员往往把客户送出门外，并再三叮嘱不要忘了东西。有时还会赠送一些气球、小玩偶等物品。当你带小孩子去吃饭时，店方经常还会为孩子准备神秘的小礼物。或许，在店方看来，也许客人在吃饭时没有尽兴，至少他们可以在餐后怀着愉悦的心情离开。

所以，我们在商务活动中也要善用“峰终定律”——洞悉客人偏好，掌握大众心理变化的规律，才能为客人提供最佳的服务体验。

4. 耶克斯–多德森定律：
过于急于求成，往往适得其反

如果你是个跑步爱好者，你就会发现，在短跑和长跑时，人的心态是不同的：短跑时要认准终点，不管不顾地疯狂向前冲，就仿佛“把灵魂丢到前面，然后鼓动肉体去追逐它”；而长跑则只能在前期发力，中后期要调整呼吸，保持平稳的步调以及平稳的心态。最重要的是不过分焦虑名次，而是要保持“完美的自我节奏”，这样，你才有机会在终点“傲视群雄”。

这种心态的区别，其实源于“耶克斯–多德森定律”所揭示的心理学现象：当我们有轻度的焦虑时，焦虑可以促进成绩的提高，动机会提高我们的效率；而当我们的焦虑较重时，焦虑则会阻碍成绩的提高，动机会降低我们的效率。

换言之，容易做的事情（会带给我们轻度的焦虑）上，我们需要明确的动机来鼓励自己不断进步；而困难的事情（会带给我们较重的焦虑）上，我们则应该淡化动机，来保持恒定的心态。

该怎样解释这种现象呢？在容易做的事情上，我们很确定，自己轻易就能获得回报，既然举手之劳便有收获，那么何乐而不为呢？但是，在做困难的事情时，由于我们不确定自己能否很好地完成，以及经历波折后能否获得理想中的回报，所以动机的效率就变得可疑了，其能给我们的鼓励也就大幅降低。

唐朝大诗人杜甫有名句形容诸葛亮说：“伯仲之间见伊吕，指挥若定失萧曹。”对于成就大事的人来说，指挥若定、不计较一城一地的得失是必备的素质。如果追求速成，莽撞草率，那么就很容易被一点风吹草动所影响，小胜则冒进，小败则沮丧，怎么能够成就大事呢？

清代名臣曾国藩被称为“最后一名儒家圣人”，人们对于他的评价褒贬不一。敬之者赞誉他平定叛乱、匡扶社稷；恨之者斥责他势力坐大、心狠手辣。但是，无论如何，很多人都不得不承认的是，曾国藩在修身养性上有很深的功夫。他深知“欲速则不达”的道理，在官场上，他一生奉行“为政以耐烦为第一要义”，从来不贪图捷径。在治学上，曾国藩是有名的下笨功夫的人，所以他的文字功底极其扎实。

在政治上亦然，曾国藩有很大的政治抱负，但是他不过分追逐速成，清朝当时内忧外患，风雨飘摇，正是豪杰用武之时，而曾国藩只是一件件地做好分内事，却无意中成了中兴名臣。

对于任何人来说，立德、立功、立言都是非常重大且困难的事情。曾国藩的做法恰合“耶克斯–罗德森定律”的真谛——在做困难的事情时减少动机的作用，踏踏实实地、一步步地向前走。我们可以试想一下，如果曾国藩唯目的是图，那么会发生什么？他要通过才学入仕，入仕以后为了升官就攀附权贵，甘列他人门下，他可能最后身居要职，却丧失了扎实才学带来的定力和眼界，一辈子受限于某一衙门。

可以说，曾国藩的成功，很大程度上受益于其性格。对于人生来说，其实亦然。有一种说法特别好：人生是一种长跑，很多时候，不必计较某一些片段的得失，也不必刻意追求人生的成功。

正如一句歌词所说："让自己快乐快乐，那才叫作意义。"如果你总是盯着终点，就会错过沿途的风景，这岂不是非常令人遗憾的事情？当然，如果是简单的事情，我们应该善于用动机来激励自己——只要努力就能获得奖励，这样的及时反馈难道不是人生最美妙的事情吗？

无疑，善用"耶克斯–罗德森"定律，区分事情难易程度，灵活调整动机的作用，会使我们工作、生活得更加愉快。

5. 蝴蝶效应：
难以忽视的危机，总是源于不经意的小事件

天气预报，是我们每天都要关注的。毕竟，天气的变化是如此的难以捉摸。可是，超过48小时的天气预报，却往往不太准确。不过，这可不能怪天气预报的预报员们，因为对于天气的影响因素实在太多了。在这个大气混沌系统中，改变一点变量就可能牵一发动全身。甚至，南美洲亚马孙河流域的一只蝴蝶偶然扇动了几下翅膀，就可以在两周后引起美国得克萨斯州的一场龙卷风。

美国气象学家爱德华·罗伦兹1963年在一篇提交纽约科学院的论文中分析了这个奇妙的现象，然后，他在1972年正式提出“蝴蝶效应”（Butterfly Effect）的概念。

“蝴蝶效应”起初比喻的是长时期、大范围的天气预报会因为一个微小因素而造成难以预料的严重后果。后来，人们发现，“蝴蝶效应”不仅仅是在气象学上有所印证，在其他方面也有所反应。因此，广义上的“蝴蝶效应”就是指一个复杂系统中，在一定条件下，长时期、大范围的未来行为会对微小因素极为敏感。只要有细微的变动或者偏差，就会导致未来的巨大差异，这种变化常常是非常难以预测的。

我们的人生也是如此，在成长的过程中，你做的每个选择，其实都有可能产生“蝴蝶效应”，影响你后来的的生活。在英剧《黑镜》中就有“蝴蝶效应”为蓝本的情节。在其中的一集里，不同的选择会让男主角进入一段不一样的人生。就连选择吃什么早餐，听哪种类型的音乐，男主角的人生都会因此出现不一样的变化。

“蝴蝶效应”还有可能影响国与国之间的局势。春秋战国时期，楚国有个叫卑梁的边境城市，那里的姑娘和吴国边境上的姑娘都在一个地方采桑叶。在彼此玩闹的时候，吴国的姑娘不小心弄伤了卑梁的姑娘，卑梁姑娘的家人就带着受伤的姑娘去讨要说法。谁知，吴国人不但不道歉，还把卑梁姑娘的家人给骂了一顿，姑娘的家人很生气，把骂人的人给杀了。

吴国人一听自己人被欺负了，就去卑梁把那姑娘的全家都杀了。卑梁守邑大夫听到这个消息，大怒道：“吴国的人怎么敢攻打我的城邑？”于是，守邑大夫派出士兵去反击吴国人，甚至屠杀了边境村镇的老人小孩。

吴王夷昧听到这件事震怒非常，也派人领兵入侵了楚国的边境城邑，攻下城邑之后才离开。为此，吴国和楚国之间爆发了大规模冲突。此后吴国公子光率领军队大败楚军，俘获了楚军主帅等人，又接着攻打其他城邑——就这样，两个姑娘之间的玩闹事件，引发了两个国家之间无休止的战争。

回到我们自己身上，我们该怎么去面对“蝴蝶效应”呢？首先，我们要明白，时间是不可能倒流的，因此，我们面对每个选择都要慎重。

其次，我们要理解，你的每个选择都会或多或少的影响你的整个人生，甚至会让你的生活变得不一样。

例如，同桌的橡皮很漂亮，约翰很喜欢，也想得一块。然后，趁着别人不注意的时候，他偷了同桌的橡皮。慢慢地，同学再丢什么东西，他就成了大家第一怀疑的对象。长大之后，只要同事丢了什么，他都会觉得大家都在怀疑自己，哪怕他没有做这件事。为了当初的一个小小贪念，他活在一种惶惶不可终日的状态之中。

所以，在做选择的时候，我们要做的是为自己尽可能地选择一个好的方向。

我大学时的一个同学是一个得过且过的人。上大学的时候，他没有选择认真听课，也没有选择好好挖掘自己的潜能。等到写毕业论文的时候，他甚至没想过自己要写什么题目，随便拿起一本小说就给自己定下了论文题目。

结果，因为没好好学习，他没掌握足够的知识储备和技能来完成这篇论文；也因为他的随便定下的题目是空白领域，他在写论文的时候写得非常痛苦；他还因为写论文常熬夜，抵抗力变差而大病了一场。到最后，同学们都通过了论文答辩，只有他的论文被退回重改，甚至为此差点儿毕不了业。

那如果选择错了方向，又该怎么办呢？没关系，你可以为自己的选择负责，尽可能地挽回局势——即使有“蝴蝶效应”引发的风暴，我们也可以在风暴中运用自己的力量来自救。要相信，经过慎重选择的你，一定会享受自己用心选择的生活。

第十二章

鸟笼效应：

所有的改变，
都源于潜意识中的另一个你

1. 鸟笼效应：
你的选择，总是被无意识主宰

有一天，心理学家詹姆斯和好友卡尔森两人打赌。詹姆斯说："我一定会让你不久就养上一只鸟的。"卡尔森则一脸的不以为然。他说："我不信！因为我从来就没有想过要养一只鸟。"

几天之后，正好是卡尔森生日，詹姆斯给他送了一只精美的鸟笼作为生日礼物。卡尔森接过鸟笼，便想起和詹姆斯之间的赌约。卡尔森不禁笑了："我只当它是一件漂亮的工艺品。你就别费劲了。"说完就把鸟笼挂在自己的书桌旁。

从此以后，来拜访卡尔森的客人都会问他同一个问题："教授，你养的鸟什么时候死了？"。而且，此后每位客人与他谈话时都会提起和鸟有关的话题。每当此时，卡尔森只好一次次地向客人解释他从来没有养过鸟。然而，这种回答换来的每每却是客人困惑而有些不信任的目光。卡尔森为此百口莫辩，又舍不得把这精美的鸟笼给扔了，思来想去，最后只好依据詹姆斯的想法，买了一只鸟放在笼子里。

这就是心理学上著名的"鸟笼效应"，意思是说如果人偶尔获得了一件东西，就会忍不住去继续添加和这东西有关但自己又不需要的东西。其实，这种现象在我们的日常生活工作中常常能遇到，人们总是不自觉地在自己的心中先挂上一只“鸟笼”，再不由自主地装进一只“小鸟”。殊不知，这其实是被人无意间操纵了自己的情绪。

“鸟笼效应”在日常的商家促销手段中堪称随处可见。一个女孩一次逛化妆品店时，被店员推荐了一款颜色很好看的口红，她看价格也不贵，于是就买了下来。但是，实际上这个女孩平常并没有化妆的习惯，单单只涂口红在日常生活中非常违和。于是，为了让这支口红能够有用武之地，她又不得不买了其他彩妆产品。这下子，无端端又多了更多支出。然而，这个女孩最初只是喜欢这个口红的颜色而已。

相信我们很多人在日常购物时也经常会陷入这样的“鸟笼”困境。有时候，我们所买的东西也不是完全不用的，只是我们使用的频率很低而已，为了这些“低频”物品，我们只好再买一些辅助器具。这时候，我们的消费心理其实就已经被商家所操纵，陷入了商家所设置的“陷阱”中。

为此，可以针对“鸟笼效应”做逆向运用。例如，认识到低频使用的物品容易带动消费情绪，而闲置物品需要及时清理，以免带来更大的成本支出。对于这一点，在经济学中有一个非常经典的案例：

西方社会经历经济萧条时期，资本家们选择把牛奶倒入河中也不愿意卖给穷人。为此，经济学的解释是为了追求市场的边际效应，但是，从心理学角度上来说，这其实是对于“鸟笼效应”的逆向思维——资本家们知道，作为一种闲置物品，牛奶在短时间内是卖不掉的，而保留这些牛奶却还需要更高的储存成本。这个时候，及时清理现有的牛奶库存变成了一种止损行为。因为不赶紧处理的话，资本家又会陷入“鸟笼”困境中——他们必须寻找和牛奶贩售配套的更多物资。

人们在很多事情中都是按照自己的固有思维进行思考，而这样难免会形成误区。“鸟笼效应”就是利用了人们的这种惯性思维——看见鸟笼觉得你一定养过鸟，在多数人都这样认为的环境下，你会产生对自我的怀疑。继而，这种心理压力让你在无形中按照他人的设定走下去。

举个例子，父母们都想培养孩子的阅读兴趣，他们往往在孩子还很小的时候就买了各种儿童书籍。但是，书本往往比不过各种电子产品的吸引力大。如果这时候父母只会苦口婆心、喋喋不休地向孩子们重复看书的重要性，那只会适得其反，让孩子们产生厌烦的情绪。如果反其道而行之，在家里最显眼的地方摆上一些儿童读物，家中有客人来访时则会夸奖孩子——“你真是个爱读书的好孩子”，或是和孩子们聊聊最近看了什么书之类的问题。如此一来，孩子们在客人走后自然会拿起书阅读。

被这样的正面情绪操控自然是很理想的，但是，现实之中这样的例子是少之又少。很多时候，“鸟笼效应”所操控的都是一些负面情绪。在一个以加班长短衡量你是否敬业的公司中，到了下班时间同事们都还在工位上忙碌着，你明明已经完成了今日的工作任务，却也无法离开。因为在这个加班成风的企业文化中，你要想给老板留下一个好印象，那么只能“被加班”。如此一来，你的情绪就被这种企业文化所操控，无形之中给自己增加了压力。

“鸟笼效应”还告诉我们，对于一些事物和行为要有更加果断的处理方式。无论是闲置还是低频使用物品都应该及时处理，避免此后更多地投入。比如，收到精美的鸟笼作为生日礼物，就不应该挂在自己书桌旁，让更多人对于你是否养鸟产生联想，最后不得不为了减少异样的目光而买了小鸟。如果是一开始就将它收起来，等碰到一个合适的养鸟人的时候转送出去，岂非一桩佳话？

无论是对于生活还是工作也都是如此——认清潜藏在一些事物中的心理陷阱，避免让他人操纵自己的情绪。

2.从众效应：
融入集体的同时，也会失去自我

这是一个家喻户晓的寓言故事：

一个老者带着孙子去集市卖驴。在去集市的路上，一开始是孙子骑着驴，爷爷在地上走，路边的行人纷纷指责孙子不爱护老人。爷孙二人听不得流言蜚语，于是换了位置。爷爷骑在驴上，孙子在地上走。结果，又有人指指点点说这老头真狠心，居然虐待孩子。于是，爷孙二人不得已都骑上了驴。这时，一位老太太看到后又为驴鸣不平，说他们不顾驴的死活。最后，爷孙二人都下了驴，徒步跟着驴走。不久，又听到有人讥笑二人："看！那一定是两个傻瓜，不然为什么放着现成的驴不骑呢？"

爷爷听罢，叹口气说："看来只有最后一种选择了——咱俩抬着驴走。"

这种当个人行为受到周围群体的批判，受到周围压力时，个人会怀疑并改变自己的观点、判断和行为，最后和他人保持一致的情形，在心理学上被称为"从众效应"。

其实，这个心理学名词和我们现实生活中常用的一个俗语"随大流”要表达的意思很相近：在一个群体之中，当自己的行为举动与他人不一致，且受到他人的压力时，大部分人可能都会下意识地“随大流”，进而改变自己的行为——即使自己的行为并没有过错。

从心理层面分析，这种下意识的举动往往是为了融入集体，不想让自己显得格格不入，或是不想表现得像人群中的一个异类。但是，我们不应该忽视的是，因为从众效应而融入集体，往往会令个体失去自我。所以，这是一个艰难的选择——既不过分地为了突出自我而特立独行，也不因为融入周围的环境而失去自己独特的人格魅力。

1952年，美国心理学家所罗门·阿希设计实施了一个实验，研究人们会在多大程度上受到他人的影响，而违心地进行明显错误的判断。他邀请了一些大学生作为实验对象，并告诉参加实验的志愿者们，这个实验的结果是为了研究人的视觉情况。

当某个来参加实验的大学生走进实验室的时候，他发现已经有五个人先坐在那里了，于是他只能坐在第六个位置上。事实上，他不知道，其他五个人都是跟阿希“串通”好了的“托儿”。

阿希要大家做一个非常容易的判断：比较线段的长度。他拿出一张画有一条竖线的卡片，然后让大家比较这条线和另一张卡片上的三条线中的哪一条线等长。判断共进行了18次。事实上，这些线条的长短差异很明显，正常人是很容易做出正确判断的。

然而，在两次正常判断之后，五个“托儿”故意异口同声地说出一个错误答案。于是，那个正常的参与测试者就产生了动摇。实验最后的结果表明：有33%的人根据那五个“托儿”的反应做出了一致的结论，有76%的人至少有一次答案和“托儿”完全一致。而在正常情况下，人们判断错误的可能性还不到1%。

在一些选择面前，我们往往会因为他人和我们的选择不一致而产生怀疑。当这个“第三者”的数量达到一定规模的时候，我们会想：“大家的结果都和我不一样，是不是我错了啊？应该是吧。”这种想法在日常的工作中是非常危险的——有了差异，我们更应该做的是冷静思考差异来源的原因，而不是一味地盲目从众——从众心理有可能让我们失掉更多的机会。

一位名叫福尔顿的物理学家，在研究中致力于测量出固体氦的热传导度。他运用了新的测量方法，测出的结果比按传统理论计算的数字高出500倍。福尔顿感到这个差距太大了，如果公布了它，难免会被人视为故意标新立异、哗众取宠，所以他就没有声张。没过多久，美国的一位年轻科学家在实验过程中也测出了固体氦的热传导度，测出的结果同福尔顿测出的完全一样。这位年轻科学家公布了自己的测量结果以后，很快在科学界引起了广泛关注。福尔顿听说了以后大为后悔——自己当时囿于从众心理，错过了青史留名的机会。

从众效应确实不会让自己显得和某个小团体格格不入，但却会让人丧失自我，同时也失去创新的机会。生活中，这样的例子其实并不少见。比如，在课堂上老师询问今天这堂课是否还有不理解的知识点，同学们都没有提问，还露出一副“都懂了”的表情，这时明明你有不懂的地方，很可能也不愿意举手表达。工作上，年终评比需要选出今年的“服务之星”，你怕自己选择的同事只有你喜欢，左右看了看其他人的投票结果，最后为了不惹人非议，做出了和你一开始的结论完全不一样的选择。

人的确是生活在群体之中，而且也不能脱离群体而存在。但是，一个人最大的魅力却依旧是自身独特的人格魅力。实际上，合理而恰当地表达自己的见解，更应该是我们该做的事。

拉伯雷在《巨人传》中讲过这样一个故事：巴奴越受到羊贩子邓特诺的诟辱，于是买了他的一只羊，将之驱赶进大海。结果，群羊看到后起而效尤，纷纷跟着投海。最后，羊贩子邓特诺在抢救羊群时也溺死在海中。这虽然是小说中的一幕，但却形象地说明了从众效应的危害——盲目的从众者最后的结局可能是随着乌合之众一起走向毁灭。

从众效应告诉我们，每一个人都是独一无二的个体，都有权保持自我的见解和选择。社会生活需要我们融入不同的团体，但是融入不同团队的代价绝不是完全放弃自我的意识和思想。很多时候，有原则地坚持自己的意见，并与其他人“求同存异”，是一种更好的选择。

3. 期望定律：
贴什么样的标签，就会造就什么样的人

“期望定律”源自著名的罗森塔尔实验，它验证了人的期望对目标的行为结果具有重大影响。

罗森塔尔实验的过程非常简单：心理学家罗森塔尔对一所中学的学生进行了智力测验，他并没有让老师们参与测验，但是“刻意”地告诉了老师们有一些学生表现出了超高的智力和潜力。老师们显然相信了罗森塔尔的说辞，也相信罗森塔尔替他们筛选出了优秀的学生——而没有意识到自己也是被测验的一方。在一个学年后，这些得到高度评价的学生的成绩确实优于其他学生。然而，这些学生并不是智力测验中的佼佼者，他们只是罗森塔尔随机挑选出的！

实验表明，是老师们对这些孩子的期望改变了孩子们的成绩。具体表现则是老师们因为相信这些孩子比较优秀，而对他们报以较高的期望，于是会在教学中给予他们更多的关注，并热情地帮助这些学生——包括学习资料、课堂机会、积极反馈等；而学生在感受到老师真诚的关怀时，也会表现得更加自信、更加努力——恰恰是双方的良性互动造就了理想的结果。

在生活中，一个人是敷衍应付还是积极进取，其作用在自己身上是有显著区别的，这一点每个人都能理解，因为考试成绩、工作绩效、人生收益会清清楚楚地告诉我们不同的态度带来的不同的结果。而“期望定律”告诉我们，我们对其他人的期望是积极的还是消极，都会在无意识中影响到他人的思维判断和行为选择，相应地，对方所展现出的状态、行动后的结果也将大不相同。

在生活中你可以看到很多这样的现象。比如，小孩子天性贪玩，如果父母从内心深处就对自己的孩子放弃了希望，觉得孺子不可教。那么，父母在教育孩子时就会消极对待，常常会选择放任、贬低或责打孩子，觉得孩子贪玩是本性不学好，看书写字则是偶尔的“来了兴致”，从不予赞扬和鼓励。孩子原本可能还试图看父母的“脸色”行事，努力做个符合父母期望的好孩子。但体验到父母消极的心态，久而久之，孩子就明白了父母对自己已然灰心失望，于是愈发自暴自弃，表现越来越不好，甚至一蹶不振。

但是，如果父母对孩子有较高的期望，那么在孩子玩闹时会觉得那是他们在释放天性，甚至会配合孩子一起玩，或帮助孩子做手工，引导孩子玩也要玩出道理。比如，在孩子发现玩具的一些简单原理时加以赞扬，并协助孩子学习系统的方法，在时机合适时诱导孩子去读书。那么，孩子就会获得愉悦感和满足感，而不是负罪感，他或她在玩和学中都会发挥自己的主动性——正所谓“要学就学个踏实，要玩就玩个痛快”。最后，孩子可能会走向非常开阔的发展道路。而这完全取决于父母对孩子的期望如何，以及基于这些期望所选择的教育方式。

期望定律最主要被应用于教育和职场，它并非神秘的玄学，因为人的意识不可能凭空作用于物体，而是强调影响一个人下意识的行为，进而改变对方的表现。它带给我们的启示是：要郑重对待对别人的期望，不要轻易对他人失望，而要尽可能真诚地相信对方是真的努力了，他一定会做好。如此，你与对方的每一个行为才会不经意地往积极乐观的方向转变。

与此同时，要了解人的潜能是无穷的，即使对方暂时没能达到你的期望，至少其行为比你秉持糟糕心态时一定会有所改观。

假如我们一定要对对方抱有某种心态，那我们为什么不期待对方能做好呢？要相信，我们的举动将验证我们的态度，进而改善对方的行为。

好的老师、好的管理者往往也是“期望定律”的践行者。他们发自内心地相信自己的学生或员工是出类拔萃、与众不同的。他们会使用积极、正向的话语来鼓励学生和员工，让他们获得自信和使命感，并在内心深处产生自我驱动力。你可能也被老师说过：“你很聪明，只是需要改进学习方法\打牢基础\用心在学习上”，而且，老师们往往是以饱含真诚的口气来鼓励他们看重的学生的。

苹果公司创始人史蒂夫·乔布斯的一大经营法宝就是告诉手下的员工——要相信自己在“改变世界”，让世界和以往有所不同。他身上具有的充沛的激情和强悍的感染力无疑十分强大，在乔布斯逝世后，依然有许多人奉他的话为圭臬，在不同的岗位上做着“让世界日新月异”的伟大工作。

4. 贝勃规律：
最初受到的刺激越强，以后的反应就越迟钝

一个人右手举着300克的砝码，这时，在其左手上放305克的砝码，他并不会觉得两只手的承重有多少差别。直到左手砝码的重量加至306克时，他才会觉得两边手有差异。如果右手举着600克，这时左手上的重量要达到612克才能使人感受到差异。也就是说，原来的砝码越重，后来就必须增加砝码重量才能让人感觉到差别。

一开始受到的刺激越强或承受的压力越大，对于后续刺激的感知也就会越来越迟钝。需要比一开始的刺激量更大时才能感受到差异，这一规律是心理学家贝勃最早提出来的，因此被称为“贝勃规律”。

人就像一个天平，在你接受压力时，我们能保持自我的平衡，只有超过原先的压力值，天平才会有所倾斜。而如果你一开始承受的压力比较大，要想对于后续的压力刺激反应明显，则需要更大的刺激。同理，对于一些轻微刺激，你的感受会越发的迟钝。

“贝勃规律”在生活中随处可见。比如，饭馆里原本卖1元钱的茶叶蛋突然变成了5元钱，你一定会觉得不可思议，并且感到难以接受。但是，原本价值100万的房子也涨价了4元，甚至400元，你一定不会

诧异。因为100万的房价带给人的刺激远大于1元的茶叶蛋，所以，对于同样的涨价幅度的刺激反应也不一样。

在生活中，我们经常能听到这样的故事：一对交往已久的恋人，其中一方抱怨对方对自己没有以前上心了。实际上，受到陌生人的帮助我们会心存感激，而有时候我们对于亲近的人的付出却觉得理所当然。因为大家的心理都有一个逐渐适应的过程，一旦习惯了某种固定模式，就会习以为常。要想改变这种模式，重新给予对方良好的情感体验，必须施加更大的刺激才行。

在距离情人节还有两个月的时候，一位意大利的心理学家在两对有着大体相同的成长背景、年龄阶段和交往过程的恋人当中，做了这样一个送玫瑰花的实验。心理学家让其中一对恋人中的男孩每周末都给心爱的姑娘送一束红玫瑰；而对于另一对中的男孩，只让他在情人节那一天向心爱的姑娘送一束红玫瑰。两个男孩的送花频率和时机不同，导致了结果的截然不同。

那个在每个周末收到红玫瑰的姑娘表现得相当平静。尽管没有很大的不满意，但她还是忍不住说了一句："我看到别人送给自己女友大把的'蓝色妖姬'，比这种普通的红玫瑰漂亮多了，心里真是很羡慕！"而那个从来没被送过玫瑰的姑娘，当手捧着男朋友送来的红玫瑰花时，表现得十分激动，竟然欣喜若狂地与男友紧紧拥吻在一起。

在这组实验中，两个女孩子虽然都在情人节那天收到了花，但每个周末都能收到花的女孩对此已经习惯了，她只有收到比红玫瑰更特别的礼物时候才会惊喜——刺激要比红玫瑰来得强烈她才能感知到。而对于另一个女孩来说，红玫瑰已经足够特别的了，所以她对于这次情人节礼物的惊喜感受比前者更强烈。

“贝勃规律”在谈判中的运用也是极其常见的。谈判专家可能在一开始的时候提出一些优渥的条件让你心动，而到谈判快结束时才提出一些棘手的问题。但是，对方可能被一开始的条件所诱惑，也就不在意最后的这些“刺头”问题了。的确，我们对于情绪的感知是有一定承受能力的，一定是在平静的湖面中才能一石激起千层浪。而在原本就是波涛汹涌的大海中扔下一颗石子，可是听不见一点声响的。

在微博上，很多网民热衷于转发各类“锦鲤”，有的微博配上图片说转发这只“锦鲤”大仙你将会收到一笔巨款。很多学生来还愿说，果然转发了就收到这个月的生活费。但是，在这个现实问题中，学生们最应该感谢的难道不应该是他们的父母吗？

很多时候，我们习惯了亲近之人对自己的付出，对于他们的期待值相应不断地提高。他们只要有一点举动不符合自己的心意就容易发脾气，而很多日常小事被我们视为理所当然。这也是无形之中被“贝勃规律”所主导——一开始受到家人的照顾越多，对于家人后续的付出感知到的惊喜也就越小。

“贝勃规律”告诉我们：人的心理有很大的弹性。一旦形成了一定的心理舒适区，要想感受周围的环境变化就一定需要更大的刺激才行。如果工作中一直是职场标杆的你偶尔犯了一次错误，受到领导的批评，这时，不要垂头丧气，因为领导习惯了对你的严格要求，你的错误在当时只是一个更大的“刺激”而已。

生活和工作中被“贝勃规律”所影响的事情并不少，了解深层的心理规律，理智地处理种种突发情绪，会让你受益良多。

5. 窄化效应：
眼睛看到的，未必是整个世界

"窄化效应"这个概念是美国心理学家罗文斯坦教授提出的，是说人因为只关注了某一时刻某一点的偏好，而导致对原来的偏好出了问题。这里所谓的"偏好"，不是喜好的意思，而是指做某一决策时候的偏向。有时候，某一决策出现分歧，是因为偏好出了问题，有些人会只关注了某一个时刻某一个点的偏好，而忽视了更多的影响因素。

罗文斯坦教授曾经从神经生理学的理论中寻找产生这一问题的原因。他认为，人之所以会出现"窄化效应"，是因为被"窄化效应"所影响的人体内分泌了一些化学物质，这些化学物质所导致的行为"驱动力"是如此强大，以至于"八匹马都拉不住"。

就比如，喜欢熬夜玩手机的年轻人不在少数。大家明明都知道熬夜的危害，但是，许多人还是沉迷其中。因为大家在做出熬夜这个决定的时候，当下的心理关注点是视频、微博或小说带来我们的愉悦感，所以，熬夜越熬越精神。

想戒烟的人都知道吸烟有害健康，但是，为什么很多人坚持了一阵子之后，当初的目标和决心就不了了之呢？因为在戒烟了一阵子之后，烟瘾犯了再吸一支烟这件事被他看得格外重要，也就导致了复吸的那支烟对他满足烟瘾的效果特别好——也是因为“窄化效应”的影响，在复吸的那一瞬间，他心中的短期偏好出现了转移。

其实，这和成语“管中窥豹”有着异曲同工之意——当我们的注意力被集中到一点时，眼睛所看到的往往并不是全部的世界。我们的注意力被这根管子所束缚，只能看到这个管子聚焦的这个点而已。

情绪对于我们日常生活的影响是无时不在的。心理学家们认为，在情绪爆发的当下，身体的感知和行动要素是同步进行的。在情绪的影响下，我们的很多的行为不受大脑控制，而“窄化效应”却是大大恶化了这种失控的情绪。

注意力被集中到一个限定区域，眼中看到都是注意力想让我们看到的东西，在这种偏差之下，我们可能会做出一些让自己都大为不解的事情。当一个人钻牛角尖的时候，他的眼中、心中只有这一件事，而对这件事，他会表现出强烈的“暂时偏好”。因为自己的注意力全部束缚于这一件事中，他只想把当下的情绪宣泄出来出来，此时，客观逻辑、理性思考都不复存在——这就是所谓的“窄化”。

在工作中，老板生气地斥责员工某一项目处理不当，在当时，员工的这次错误成了老板的关注重点。即使这个员工日常工作项目处理都小心谨慎，工作态度严谨认真，之前也没有出现过任何纰漏。但是，在这个时候，老板只会放大“问题没有被完美解决”这件事。借由这个问题，所有的负面情绪一拥而上。此时，老板已经被“窄化效应”所影响——他眼中只看到了问题或错误，从而影响了他一贯对于下属的判断。

不仅仅是工作，在恋爱情绪中，人往往更容易受到“窄化效应”的影响。当我们的双眼被恋爱这个巨大的花团所吸引的时候，我们所有的注意力都会聚焦于其中。

电影《霸王别姬》里，张国荣饰演的程蝶衣有句台词说：“说好了是一辈子，差一年，差一个月，差一个时辰，都不是一辈子！”这句台词十分有代表性——当我们坠入爱河的时候，会觉得对方的重要性超过了一切，无论是时间还是金钱，甚至是生命。“窄化效应”让我们以为世界上有爱情这一件事。当爱情消失时，自然也就默认人生没有了意义，所以殉情的桥段在生活和小说、影视中才屡见不鲜。

在一些行业中加班文化盛行。而现在，越来越多人反对这种超时长的工作，因为这种超时长的工作也会形成情绪上的“窄化效应”。当一个人在工作中付出的精力和时间超过自身所能承受的极限之后，身体中会产生一股厌烦的情绪，让你在莫名中对于手头的事情产生厌恶感。渐渐地，对于这份工作的兴趣值在减少。这个时候，我们的大脑和身体最需要的其实是休息。可是，你却没有停下的念头，强撑着继续工作。长此以往，只会让这种情绪越来越严重。这个时候，“窄化效应”会主导你的情绪，使你强烈地想摆脱这种“超长待机”的工作状态。

“窄化效应”告诉我们，某些时候的冲动和不理智，是因为我们被心理的偏好带歪了注意力。在生活中遭遇“窄化效应”的时刻，我们是否能让自己停一停、缓一缓，把注意力的焦点拉回较为理智的一面呢？